普通高等教育"十三五"规划教材——化工环境系列

水污染控制实验

赵 霞 主编

中国石化出版社

内 容 提 要

　　本书是编者在多年"水污染控制工程"教学研究的基础上编写的,兼顾了物理、化学和生物法处理废水的主要理论和工艺,是高等院校环境工程相关学科"水污染控制工程"课程的配套教材。本书内容包括误差分析及实验数据处理,实验设计,水样的采集、管理运输、保存及其预处理,基础实验和专业实验等部分。

　　本书可作为高等院校环境工程和给水排水工程等相关专业的实验教学用书,也可供相关领域的人员参考。

图书在版编目(CIP)数据

水污染控制实验 / 赵霞主编 . —北京:中国石化
出版社, 2018.5
　普通高等教育"十三五"规划教材 . 化工环境系列
　ISBN 978-7-5114-4866-8

Ⅰ.①水… Ⅱ.①赵… Ⅲ.①水污染-污染控制-实
验-高等学校-教材 Ⅳ.①X520.6-33

中国版本图书馆 CIP 数据核字(2018)第 102625 号

中国石化出版社出版发行
地址:北京市朝阳区吉市口路9号
邮编:100020　电话:(010)59964500
发行部电话:(010)59964526
http://www.sinopec-press.com
E-mail:press@ sinopec.com
北京柏力行彩印有限公司印刷
＊
787×1092 毫米 16 开本 5.5 印张 131 千字
2018 年 7 月第 1 版　2018 年 7 月第 1 次印刷
定价:18.00 元

前　言

　　"水污染控制工程"是环境工程学科的专业必修课之一。本课程的核心内容为水污染控制工艺的原理及其工程设计，是一门应用性很强的综合性课程。作者在多年"水污染控制工程"教学研究中始终认为理论应服务于实践，进而在教学过程中始终坚持理论与实践相结合的原则。

　　"水污染控制工程"的实验课程是水污染控制工程的重要教学环节，本书同时兼顾了物理、化学和生物法处理废水的主要理论技术。本书内容主要包括误差分析及数据的处理，实验设计，水样的采集、管理运输、保存及其预处理，基础实验实验和专业实验。其中"误差分析及数据的处理"主要提升学生对实验数据处理和误差的分析能力，使学生辨别实验数据的可靠性；"实验设计"主要让学生掌握如何根据污水水质选择(或设计)相应的处理工艺；"水样的采集、管理运输、保存及其预处理"旨在使学生掌握如何布置废水采(取)样点，以及在水样运输、保存和预处理中应注意哪些事项；"基础实验"和"专业实验"旨在强化学生对废水处理理论和工艺设备运行机理的理解，将理论与实际结合起来促进学生对污水处理工艺理论的掌握，培养学生在水污染控制原理、工艺与工程设计方面的创造性思维方式和分析问题与解决实际问题的能力。如果本书能够引起广大读者对废水处理的重视或对废水处理方向产生研究兴趣，作者将倍感欣慰！

　　本书在编写过程中得到了兰州理工大学陈吉祥、孔秀琴、冯辉霞教授以及贾小宁、张庆芳副教授的支持与鼓励，并得到了哈尔滨工业大学陈忠林教授百忙中的指导，在此致以衷心感谢。同时要特别感谢兰州理工大学近十余年环境工程专业的毕业生，与他们的交谈都能够给编者一些新的灵感，他们在学习中的需求也是作者编著的动力所在。还要感谢本课题组研究生张航、胡涛、李亚斌、李响等在本书编著过程中所做的文献查找、图表处理和文字校对等工作。

　　本书受省级精品资源共享课和兰州理工大学校级规划教材项目资助，对此表示感谢。

　　本书在编著过程中参阅了大量的相关书籍文献，汲取了一些内容，在此向这些前辈、同行特致谢意。由于作者学识水平和精力有限，加之时间仓促，书中难免会有不足之处，恳请同行专家和读者批评指正，以便再版时修正改进，在此致以诚挚的谢意。

目　录

绪　　论

水污染控制工程是环境工程专业的一门重要学科，是建立在实验基础上的学科，许多污水处理方法、污水处理设备的设计参数和操作运行方法的确定，都需要通过实验解决。例如，采用塔式生物滤池处理某种工业废水时，需要通过实验测定负荷率、回流比、滤池高度等工艺参数才能较合理地进行工程设计。

水污染控制工程实验是水污染控制工程的重要组成部分，是科研和工程技术人员解决水和污水处理中各种问题的一个重要手段。通过实验研究可以解决下述问题：

（1）掌握污染物在自然界的迁移转化规律，为水环境保护提供依据。

（2）掌握污水处理过程中污染物去除的基本规律，以改进和提高现有的处理技术及设备。

（3）开发新的水处理技术和设备。

（4）实现污水处理设备的优化设计和优化控制。

（5）解决水处理技术开发中的问题。

一、实验教学目的

实验教学是学生理论联系实际，培养学生观察问题、分析问题和解决问题能力的一个重要方面。本课程实验的教学目的如下：

（1）加深学生对水污染控制工程基本概念的理解，巩固新的知识；

（2）使学生了解如何进行实验方案的设计，并初步掌握污水处理实验研究方法和基本测试技术；

（3）通过实验数据的整理使学生初步掌握数据分析处理技术，包括如何收集实验数据、如何正确地分析和归纳实验数据、运用实验成果验证已有的概念和理论等。

二、实验教学程序

为了更好地实现教学目的，使学生学好本门课程，下面简单介绍实验研究工作的一般程序。

（1）对照实验方案进行实验，按时进行测试。

（2）及时记录实验数据。

（3）定期整理分析实验数据。实验数据的可靠性和定期整理分析是实验工作的重要环节。实验者必须经常用已掌握的基本概念分析实验数据，通过数据分析加深对基本概念的理解，并发现实验设备、操作运行、测试方法和实验方案等方面的问题，以便及时解决，使实验工作能较顺利地进行。

（4）实验小结。通过实验数据的系统分析，对实验结果进行评价。小结的内容包括以下几个方面：

① 通过实验掌握了哪些新的知识；

② 是否解决了提出的问题；

③ 是否证明了文献中的某些论点；

④ 验证结果是否可用以改进已有的工艺设备和操作运行条件，或设计新的处理设备；

⑤ 当实验数据不合理时，应分析原因，提出新的实验方案。

由于受课程学时等条件限制，学生只能在已有的实验装置和规定的实验条件范围内进行实验，并通过本课程的学习得到初步的培养和训练，为今后从事实验研究和进行科学实验打好基础。

三、实验教学要求

1. 课前预习

为完成好每个实验，学生在课前必须认真阅读实验教材，清楚地了解实验项目的目的要求、实验原理和实验内容，写出简明的预习提纲。预习提纲包括：①实验目的和主要内容；②需测试项目的测试方法；③实验中应注意事项；④准备好实验记录表格。

2. 实验操作

学生实验前应仔细检查实验设备、仪器仪表是否完整齐全。实验时要严格按照操作规程认真操作，仔细观察实验现象，精心测试实验数据并详细填写实验记录。实验结束后，要将实验设备和仪器仪表恢复原状，将周围环境整理干净。学生应注意培养自己严谨的科学态度，养成良好的工作学习习惯。

3. 实验数据处理

通过实验取得大量数据以后，必须对数据作科学的整理分析，去伪存真、去粗取精，以得到正确可靠的结论。

4. 编写实验报告

将实验结果整理编写成一份实验报告，是实验教学必不可少的组成部分。这一环节的训练可为今后写好科学论文或科研报告打下基础。实验报告包括下述内容：①实验目的；②实验原理；③实验装置、仪器和试剂；④实验步骤；⑤实验数据记录和数据整理结果；⑥实验结论。对于科研论文，最后还要列出参考文献。实验教学的实验报告，参考文献一项可省略。实验报告的重点放在实验数据处理和实验结果的讨论。

第一章 误差分析及数据处理

第一节 误差的概念及分类

一、准确度和误差

1. 准确度和误差的定义

准确度是指某一测定值与"真实值"接近的程度。一般以误差 E 表示。

$$E = 测定值 - 真实值$$

当测定值大于真实值，E 为正值，说明测定结果偏高；反之，E 为负值，说明测定结果偏低。误差愈大，准确度就愈差。

实际上绝对准确的实验结果是无法得到的。化学研究中所谓真实值是指由有经验的研究人员同可靠的测定方法进行多次平行测定得到的平均值。以此作为真实值，或者以公认的手册上的数据作为真实值。

2. 绝对误差和相对误差

误差可以用绝对误差和相对误差来表示。

绝对误差表示实验测定值与真实值之差。它具有与测定值相同的量纲，如克、毫升、百分数等。例如，对于质量为 0.1000g 的某一物体，在分析天平上称得其质量为 0.1001g，则称量的绝对误差为 +0.0001g。

只用绝对误差不能说明测量结果与真实值接近的程度。分析误差时，除要去除绝对误差的大小外，还必须顾及量值本身的大小，这就是相对误差。

相对误差是绝对误差与真实值的商，表示误差在真实值中所占的比例，常用百分数表示。由于相对误差是比值，因此是量纲为 1 的量。

二、精密度和偏差

精密度是指在同一条件下，对同一样品平行测定而获得一组测量值相互之间彼此一致的程度。常用重复性表示同一实验人员在同一条件下所得测量结果的精密度，用再现性表示不同实验人员之间或不同实验室在各自的条件下所得测量结果的精密度。

精密度可用各类偏差来量度。偏差愈小，说明测定结果的精密度愈高。偏差可分为绝对偏差和相对偏差：

$$绝对偏差 = 个别测得值 - 测得平均值$$

$$相对偏差\% = 绝对偏差 / 平均值 \times 100\%$$

偏差不计正负号。

三、误差分类

按照误差产生的原因及性质，可分为系统误差、随机误差和过失误差。

1. 系统误差

系统误差是由某些固定的原因造成的，使测量结果总是偏高或偏低。例如实验方法不够完善、仪器不够精确、试剂不够纯以及测量者个人的习惯、仪器使用的理想环境达不到要求等因素。系统误差的特征是：①单向性，即误差的符号及大小恒定或按一定规律变化；②系统性，即在相同条件下重复测量时，误差会重复出现，因此一般系统误差可进行校正或设法予以消除。

常见的系统误差一般有：

（1）仪器误差　所有的测量仪器都可能产生系统误差。例如，移液管、滴定管、容量瓶等玻璃仪器的实际容积和标称容积不符；试剂不纯或天平失于校准(如，不等臂性和灵敏度欠佳)；磨损或腐蚀的砝码等都会造成系统误差。在电学仪器中，如电池电压下降，接触不良造成电路电阻增加，温度对电阻和标准电池的影响等也是造成系统误差的原因。

（2）方法误差　由于测试方法不完善造成的一种误差。其中有化学和物理化学方面的原因，常常难以发现。因此，这是一种影响最为严重的系统误差。例如在分析化学中，某些反应速度很慢或未定量地完成，干扰离子的影响，沉淀溶解、共沉淀和后沉淀，灼烧时沉淀的分解和称量形式的吸湿性等，都会系统地导致测定结果偏高或偏低。

（3）个人误差　是一种由操作者本身的一些主观因素造成的误差。例如在读取仪器刻度值时，有的偏高，有的偏低；在鉴定分析中辨别滴定终点颜色时有的偏深，有的偏浅；操作计时器时有的偏快，有的偏慢。在作出这类判断时，常常容易造成单向的系统误差。

2. 随机误差

随机误差又称偶然误差。它指同一操作者在同一条件下对同一量进行多次测定，而结果不尽相同，以一种不可预测的方式变化着的误差。它是由一些随机的偶然误差造成的，产生的直接原因往往难于发现和控制。随机误差有时正、有时负，数值有时大、有时小，因此又称不定误差。在各种测量中，随机误差总是不可避免地存在，并且不可能加以消除，它构成了测量的最终限制。常见的随机误差如：①用内插法估计仪器最小分度以下的读数难以完全相同；②在测量过程中环境条件的改变，如压力、温度的变化，机械振动，磁场的干扰等；③仪器中的某些活动部件，如温度计、压力计中的水银，电流表电子仪器中的指针和游丝等在重复测量中出现的微小变化；④操作人员对各份试样处理时的微小差别等。

随机误差对测定结果的影响，通常服从统计规律。因此，可以采用在相同条件下多次测定同一量，再求其算术平均值的方法来克服。

3. 过失误差

由于操作者的疏忽大意，没有完全按照操作规程实验等原因造成的误差称为过失误差，这种误差使测量结果与事实明显不合，有大的偏离且无规律可循。含有过失误差的测量值，不能作为一次实验值引入平均值的计算。这种过失误差，需要加强责任心，仔细工作来避免。判断是否发生过失误差必须慎重，应有充分的依据，最好重复这个实验来检查，如果经过细致实验后仍然出现这个数据，要根据已有的科学知识判断是否有新的问题，或者有新的发展，这在实践中是常有的事。

第二节 实验数据的处理

化学数据的处理方法主要有列表法和作图法。

1. 列表法

这是表达实验数据最常用的方法之一。将各种实验数据列入一种设计得体、形式紧凑的表格内,可起到化繁为简的作用,有利于对获得实验结果进行相互比较,有利于分析和阐明某些实验结果的规律性。

设计数据表总的原则是简单明了。作表时要注意以下几个问题:

(1)正确地确定自变量和因变量。一般先列自变量,再列因变量,将数据一一对应地列出。不要将毫不相干的数据列在一张表内。

(2)表格应有序号和简明完备的名称,使人一目了然,一见便知其内容。如实在无法表达时,也可在表名下用不同字体作简要说明,或在表格下方用附注加以说明。

(3)习惯上表格的横排称为"行",竖行称为"列",即"横行竖列",自上而下为第1、2、…行,自左向右为第1、2、…列。变量可根据其内涵安排在列首(表格顶端)或行首(表格左侧),称为"表头",应包括变量名称及量的单位。凡有国际通用代号或为大多数读者熟知的,应尽量采用代号,以使表头简洁醒目,但切勿将量的名称和单位的代号相混淆。

(4)表中同一列数据的小数点对齐,数据按自变量递增或递减的次序排列,以便显示出变化规律。如果表列值是特大或特小的数时,可用科学表示法表示。若各数据的数量级相同时,为简便起见,可将10的指数写在表头中量的名称旁边或单位旁边。

2. 作图法

作图是将实验原始数据通过正确的作图方法画出合适的曲线(或直线),从而形象直观,而且准确地表现出实验数据的特点、相互关系和变化规律,如极大、极小和转折点等,并能够进一步求解,获得斜率、截距、外推值、内插值等。因此,作图法是一种十分有用的实验数据处理方法。

作图法也存在作图误差,若要获得良好的图解效果,首先是要获得高质量的图形。因此,作图技术的好坏直接影响实验结果的准确性。下面就作图法处理数据的一般步骤和作图技术作简要介绍。

(1)正确选择坐标轴和比例尺

作图必须在坐标纸上完成。坐标轴的选择和坐标分度比例的选择对获得一幅良好的图形十分重要,一般应注意以下几点:

① 以自变量为横轴,因变量为纵轴,横纵坐标原点不一定从零开始,而视具体情况确定。坐标轴应注明所代表的变量的名称和单位。

② 坐标的比例和分度应与实验测量的精度一致,并全部用有效数字表示,不能过分夸大或缩小坐标的作图精确度。

③ 坐标纸每小格所对应的数值应能迅速、方便地读出和计算。一般多采用1、2、5或10的倍数,而不采用3、6、7或9的倍数。

④ 实验数据各点应尽量分散、匀称地分布在全图,不要使数据点过分集中于某一区域,当图形为直线时,应尽可能使直线的斜率接近于1,使直线与横坐标夹角接近45°,角度过大或过小都会造成较大的误差(图1-1)。

⑤ 图形的长、宽比例要适当，最高不要超过3/2。以力求表现出极大值、极小值、转折点等曲线的特殊性质。

（2）图形的绘制

在坐标纸上明显地标出各实验数据点后，应用曲线尺（或直尺）绘出平滑的曲线（或直线）。绘出的曲线或直线应尽可能接近或贯穿所有的点，并使两边点的数目和点离线的距离大致相等。这样描出的线才能较好地反映出实验测量的总体情况。若有个别点偏离太远，绘制曲线时可不予考虑。一般情况下，不许绘成折线。描线方法如图1-2所示。

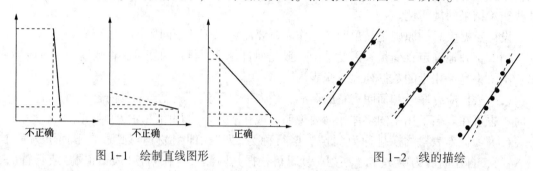

图1-1　绘制直线图形　　　　　　　　　图1-2　线的描绘

（3）求直线的斜率

由实验数据作出的直线可用方程式：$y = kx + b$ 来表示。由直线上两点(x_1, y_1)，(x_2, y_2)的坐标可求出斜率：

$$k = \frac{y_2 - y_1}{x_2 - x_1}$$

为使求得的k值更准确，所选的两点距离不要太近，还要注意代入k表达式的数据是两点的坐标值，k是两点纵横坐标差之比，而不是纵横坐标线段长度之比。

第二章　实验设计

实验设计是进行科学实验的必要环节，其目的是在进行实验之前，对所研究的特定问题选择一种最佳的实验安排，从而用最少的人力、物力和时间获得满足要求的实验结果。具体地说，它是在理论框架和现实条件的约束下，基于具体的实验条件和要求，实验因素水平以及数理统计学规律，构建合理的实验方案，提高实验效率，缩小随机误差，并使实验结果利于有效统计分析的一种方法。

实验设计重点在于探索专业理论和工程实践中具有代表性的问题，强调理论构建和问题解决并重，关注科学方法和知识技能应用整合，积极鼓励师生尤其是不同学科、不同观点、不同思路学生的共同参与和协作配合，并不断对研究目标、研究方法和研究手段进行修正、完善，最终实现研究目标。

第一节　实验设计的原则及概念

一、实验设计的四个原则

1. 对照原则

（1）目的

有对照才有鉴别。设置对照组，以鉴别实验中的处理因素同非处理因素的差异。

（2）方法

空白对照　即不给对照组任何处理因素。实际上处理的对照组是不加处理因素的实验组。

条件对照　给对照组加入实验因素，不是所要研究的处理因素，而是非处理因素。

相互对照　不单设对照组，而是几个实验组相互对照。

自身对照　对照和实验都在同一研究对象上进行。

2. 实验条件一致性原则

遵循单因子分析原理，即整个实验过程，除欲处理的实验的因素外，其他条件要求前后一致。这要求我们对影响实验结果的可能因素进行全面认真地分析，逐个消除无关因素，突出实验因素。

3. 随机化原则

指被研究的样本是从总体中任意抽取的。

4. 重复性原则

任何实验都必须能够重复，这是科学性的重要标志。

二、实验设计的基本概念

1. 指标

在实验设计中用来衡量实验效果好坏所采用的标准称为实验指标，或简称指标。在实验中一般要先确定一项或几项研究指标，然后考查实验中这些指标值随着实验参数的变化。例如，在进行地表水和微污染水源水的混凝沉淀实验时，把代表水中悬浮物（包括泥土、沙粒、细小颗粒状有机物和无机物、悬浮微生物、微生物）和胶体物质多少的浊度指标作为评定悬浮物和胶体等污染物去除效果的标准，即浊度是混凝沉淀实验的指标。

2. 因素

实验中可对实验指标产生影响的原因或要素称为因素。实验设计的一项重要工作就是确定可能影响实验指标的因素，并根据专业知识初步确定因素水平的范围。在实验中可以人为控制地加以调节和控制，称为可控因素。另一类因素，由于技术、设备和自然条件的限制，暂时还不能人为地控制，称为不可控因素。

一般来说，一个实验中影响目标函数的参数会很多，其中有些参数是因为前人做了大量的实验研究而已有足够的了解，有些是限于实验条件不准备研究，通常对这些参数在一批实验中只取一个固定值，而对另一些参数则要取几个不同的值分别进行实验以比较其变化对目标函数的影响情况。例如，在细菌培养条件优化实验中，细菌的生长量与温度、培养基初始 pH 值等均为实验因素。在选择实验因素时应注意，因素的数目要适中，太多会增加大量实验次数，造成主次不分；太少会遗漏重要因素，达不到预期目的。

3. 水平

因素在实验中所处的各种状态或条件称为水平。某个因素在实验中需要考察它的几种状态，就称它是几水平的因素。例如，在污水生物硝化实验时要考虑 3 个因素——水力停留时间、泥龄和污泥负荷。水力停留时间可选择为 8h、10h、12h，它就是水力停留时间的三个水平。水平的范围及间隔大小要合理，太小的实验范围不易获得显著的改善结果，还可能会把对实验指标有显著影响的因素误认为没有显著影响，因此要尽可能把水平值取在最佳区域或在最佳区域内部。水平间隔的排列方法一般有等差法、等比法、选优法和随机法等。

（1）等差法

等差法是指实验因素水平间隔是等间距的。如 pH 值可取 6、7 和 8 三个水平，各水平间距为 1。该法适用于实验效应与因素水平呈直线相关的实验。

（2）等比法

等比法是指实验因素水平间隔是等比的。如微生物培养基氯化镁浓度的各个水平分别为 0.1g/L、0.2g/L、0.4g/L、0.8g/L，相邻水平之比为 1：2。该法适用于实验效应与因素水平成对数或指数关系的实验。

（3）选优法

选优法是先选出因素水平的两个端点值 a、b，再以水平范围[a, b]的 0.382 和 0.618 的位置为水平因素。如氯化镁浓度实验用选优法确定的因素水平分别为 0g/L、0.382g/L、0.618g/L 和 1g/L。该法一般适用于实验效应与因素水平成二次曲线型关系的实验。

（4）随机法

随机法是指因素水平排列都是随机的，各水平的数量大小无一定关系。该法一般适用于实验效应与因素水平变化关系不甚明确的情况，在预备实验中采用。

三、实验设计的步骤

1. 明确实验目的

实验中要研究的问题一般不止一个，且彼此常常相互关联。例如，生活污水处理时，衡量其处理效果的指标有 12 项基本控制项目、7 项一类污染物指标和 43 项选择控制项目。我们不可能通过一次实验把三大类污染物全部去除，而应该基于进水水质把基本控制项目指标实现，即出水 COD、BOD、氮和磷、SS 以及微生物等指标。实验前应首先确定这次实验究竟是解决哪一个或哪几个主要问题，然后确定相应的实验指标。

2. 挑选因素

在明确实验目的和确定实验指标后，要分析研究影响实验指标的因素，从所有的影响因素中排除那些影响不大的或者已经掌握的因素，让它们固定在某一状态上，而对那些对实验指标可能较大影响的因素进行考察。

3. 选定实验设计方法

实验设计的方法很多，有单因素实验设计、双因素实验设计、正交实验设计、析因分析实验设计、序贯实验设计等。各种实验设计方法的目的和出发点不同，在进行实验时，应根据研究对象的具体情况选择适宜的方法。例如，对于单因素问题应选用单因素实验设计；三个以上的因素可以用正交实验设计法；若要进行模型筛选或确定已知模型的参数估计，可采用序贯实验设计法。

4. 确定实验器材，明确测试项目和分析方法

一旦确定实验设计方案，实验所需设备、测试项目及其分析方法、所需仪器及试剂材料需要与之相互配套。为确保实验顺利进行，实验前需要到实验室核实所需设备、仪器是否处于正常状态，所需试剂材料是否齐全。

5. 拟定实验操作程序，做好实验分工

由于实验研究往往时间要求紧，且工作量大。为确保实验研究的顺利进行，实验设计方案一旦确定，需要及时做好实验安排，包括操作程序、工作分工，使工作任务落实到人。

第二节　单因素实验设计

单因素实验设计是指只有一个因素(或仅考查一个因素)对实验指标构成影响的实验。

单因素实验设计要求对实验水平进行布局和优化，是一种水平实验设计。单因素实验设计方法可分为两类：同时实验设计和序贯实验设计。同时实验设计就是一次给出全部实验水平，一次完成全部实验并得到最佳实验结果，如穷举实验设计。序贯实验设计要求分批进行实验，后批实验需根据前批实验结果进一步优化后序贯进行，直到获取最佳实验结果，如平分实验设计、黄金分割实验设计。

一、平分和抛物线实验设计

平分实验设计就是平分实验范围，把其中间点作为新实验点，然后不断缩小实验范围直到找到最佳条件。当实验结果呈单向变化时，也就是说最佳实验点只可能在实验中间点的一侧，可采用平分实验设计。该方法简便易行，但要注意单向性特征。

抛物线实验设计适用于二次和多次线性关系的单因素实验研究。其做法是基于线性关系的变化趋势，在因素变化较大或较快的区间，尤其是拐点附近设置较密集的取样点，而在因素变化范围较小的区间设置较稀疏的水平分布。其优点是实验可以同时安排，减少实验次

数，并获得较为精准的曲线，适宜实验室小试研究和应急研究；缺点是因素的水平设计较多或实验的取样点多，实验分析的工作量较大。

平分和抛物线实验设计为本科生和研究生实验研究中较为普遍的使用方法，但要求学生在实验前对前人的研究有所了解，对因素多水平的变化趋势和变化范围有充分的了解，并在此基础上设计实验。

二、穷举实验设计与均分实验设计

穷举实验设计是将所有可能的实验点在一批实验中全部进行实验。均分实验设计是根据实验精度要求，均分整个实验范围以获得所有实验点。显然，均分实验设计不仅充分体现了穷举实验设计的思想，而且也明确了具体实验设计方法。如实验起始点为 a，终点为 b，实验点的间隔区间为 L，则均分实验设计的实验点数 n 为 $n = \{(a+b)/n\} + 1$。该实验设计的特点是对所实验的范围进行"普查"，实验点数量较多，宜用于对目标函数性质没有掌握或很少掌握的情况。

三、黄金分割实验设计

黄金分割实验设计就是在预定实验范围内采用 0.618 黄金分割原理安排新实验点，直到找到最佳实验结果为止，因而又称 0.618 实验设计。黄金分割就是在特定范围内寻求黄金分割点 (k) 及对称点 $(1-k)$。在 $0 \sim 1$ 的实验范围内，黄金分割点 (k) 为 0.618，其对称点 $(1-k)$ 为 0.382。黄金分割点实验设计涉及两个层面，一是已知实验范围内的黄金分割点的寻求；二是新实验范围的确定与进一步寻优。

设实验范围为 (a, b)，第一次实验点 x_1 选择在实验范围的 0.618 位置上，即

$$x_1 = a + 0.618(b-a) \tag{2-1}$$

第二次的实验点选在第一点 x_1 处，即实验范围的 0.382 位置上：

$$x_2 = a + 0.382(b-a) \tag{2-2}$$

设 $f(x_1)$ 和 $f(x_2)$ 表示两点的实验结果，且 $f(x)$ 值越大，效果越好，则存在以下 3 种情况：

（1）如果 $f(x_1) > f(x_2)$，根据"留好去坏"的原则，去掉实验范围 $[a, x_2]$ 部分，在剩余范围 $[x_2, b]$ 内继续做实验。

（2）如果 $f(x_1) < f(x_2)$，则去掉实验范围 $[x_1, b]$ 部分，在剩余范围 $[a, x_1]$ 内继续做实验。

（3）如果 $f(x_1) = f(x_2)$，去掉两端，在剩余范围 $[x_1, x_2]$ 内继续做实验。

根据单峰函数性质，上述 3 种做法都可以使好点留下，去掉的只是部分坏点，不会发生最优点丢掉的情况。

对于上述 3 种情况，继续做实验，取 x_3 时，则有：

在第一种情况下，剩余实验范围 $[x_2, b]$，用公式（2-1）计算新的实验 x_3；

在第二种情况下，剩余实验范围 $[a, x_1]$，用公式（2-2）计算新的实验 x_3；

在第三种情况下，剩余实验范围 $[x_1, x_2]$，用公式（2-1）和公式（2-2）计算两个新的实验点 x_3、x_4，然后再 x_3、x_4 范围内安排新的实验。

这样反复做下去，将使实验范围越来越小，最后两个实验结果趋于接近，就可以停止实验。

第三节　正交实验

在生产和科学研究中遇到的问题一般都是比较复杂的，包含多种因素，且各个因素具有不同的状态，它们往往相互交织、错综复杂。要解决这类问题，常常需要做大量实验。例如，高氨氮工业废水欲采用好氧生物处理，经过分析研究，决定考察 3 个因素——温度、时间和氮负荷率，而每个因素又可能有 3 种不同的状态（如，温度因素有 15℃、20℃、25℃三个水平），它们之间可能有 $3^3 = 27$ 种不同的组合，也就是说要经过 27 次实验才能知道哪一种实验组合最好。显然，这种全面进行实验的方法，不但费时费力，有时过量实验数据甚至会导致结果难以解释，对于这样的一个问题，如果我们采用正交设计法安排实验，只要经过 9 次实验便能得到满意的结果。对于多因素问题，采用正交实验设计可以达到事半功倍的效果，这是因为可以通过正交设计合理地挑选和安排实验点，较好的解决多因素实验中以下突出问题：

（1）全面实验次数与实际可行实验次数间的矛盾；

（2）实际所做的少数实验与要求掌握事物内在规律间的矛盾；

（3）可以研究因素间的相互关系，寻求优化工艺组合。

一、正交表

正交表是一整套规则的设计表格，是正交实验设计用来安排实验因素和水平数并分析实验结果的基本工具，记号如下：

$$L_n(r^m)$$

式中　L——正交表代号；

　　　n——正交表横行数（实验次数）；

　　　r——因素水平数；

　　　m——正交表纵列数（最多能安排的因素个数）。

正交表的构造需要用到组合数学和概率学知识，而且如果我们在实际应用中正交表类型选择不当，则会造成很大一部分人力物力的浪费，甚至有些正交表其构造方法到目前还未解决。但目前广泛使用的正交表有以下几种：

2 水平正交表：$L_4(2^3)$，$L_8(2^7)$，$L_{12}(2^{11})$，$L_{16}(2^{15})$，……

3 水平正交表：$L_9(3^4)$，$L_{18}(3^7)$，$L_{27}(3^{13})$，……

4 水平正交表：$L_{16}(4^5)$，$L_{32}(4^9)$，$L_{64}(4^{21})$，……

5 水平正交表：$L_{25}(5^6)$，$L_{50}(5^{11})$，$L_{125}(5^{31})$，……

以表 2-1 为例，说明正交表的设计。

二、正交表的选择

一般都是先确定实验的因素、水平和交互作用，后选择适用的 L 表。在确定因素的水平数时，主要因素宜多安排几个水平，次要因素可少安排几个水平。

（1）先看水平数。若各因素全是 2 水平，就选用 $L(2^*)$ 表；若各因素全是 3 水平，就选

$L(3^*)$表。若各因素的水平数不相同，就选择适用的混合水平表（此处不深究）。注意表中任一列，不同数字出现的次数相同；任两列，同一行两个数字组成的有序数字对出现次数也应相同。

表 2-1　水平正交表 $L_9(3^4)$

实验号	列　号			
	1	2	3	4
1	1	1	1	1
2	1	2	2	2
3	1	3	3	3
4	2	1	2	2
5	2	2	3	3
6	2	3	1	2
7	3	1	3	2
8	3	2	1	3
9	3	3	2	1

（2）每一个交互作用在正交表中应占一列或二列。要看所选的正交表是否足够大，能否容纳得下所考虑的因素和交互作用。为了对实验结果进行方差分析或回归分析，还必须至少留一个空白列，作为"误差"列，在极差分析中要作为"其他因素"列处理。

（3）要看实验精度的要求。若要求高，则宜取实验次数多的 L 表。

（4）若实验费用很昂贵，或实验的经费很有限，或人力和时间都比较紧张，则不宜选实验次数太多的 L 表。

（5）按原来考虑的因素、水平和交互作用去选择正交表，若无正好适用的正交表可选，简便且可行的办法是适当修改原定的水平数。

（6）对某因素或某交互作用的影响是否确实存在没有把握的情况下，选择 L 表时常为该选大表还是选小表而犹豫。若条件许可，应尽量选用大表，让影响存在的可能性较大的因素和交互作用各占适当的列。某因素或某交互作用的影响是否真的存在，留到方差分析进行显著性检验时再做结论。这样既可以减少实验的工作量，又不致于漏掉重要的信息。

三、正交实验法多因素实验步骤

（1）明确实验目的，确定评价指标。对于任何一批实验，我们做实验的前提是已熟知该实验的目的，这是正交实验设计的基础。常常为了说明某项实验的特性，我们引出"产品纯度、产量、乳化能力"等实验指标，以其来衡量实验效果优劣。

（2）挑选因素，确定水平。往往影响实验结果的因素包含多种，基于目前的研发力度，不可能全面考察，因此在实际操作过程中，要根据实验目的，选出最主要的因素，并使得因素水平数尽量相等，以防影响实验的平均准确度。但得注意在选取主要因素时，要靠很强的专业知识和实践总结来确定。

（3）选正交表，进行表头设计。所谓表头设计，就是确定实验所考虑的因素和交互作用在正交表中该放在哪一列的问题，一般要满足因素数≤正交表列数，且因素水平与正交表对应水平数一直，基于此从小到大并结合实际依次选取水平数最小的表。

（4）明确实验方案，进行实验并对实验结果进行统计分析，以选取最优方案。正交实验方法之所以能得到科技工作者的重视并在实践中得到广泛的应用，其原因不仅在于能使实验的次数减少，花费少，而且能够用相应的方法对实验结果进行分析并引出许多有价值的结论。因此，用正交实验法进行实验，必须得对实验结果进行认真分析，并引出应该引出的结论，那样正交实验法才有意义和价值。

值得注意的是：

● 在排列因素水平表时，最好不要简单地按因素数值由小到大或由大到小的顺序排列。从理论上讲，最好能使用随机化的方法。所谓随机化就是采用抽签或查随机数值表的办法，来决定排列的顺序。

● 实验进行的次序也没必要完全按照正交表上实验号码的顺序。为减少实验中由于先后实验操作熟练的程度不匀带来的误差干扰，理论上推荐用抽签的办法来决定实验的次序。

● 做实验时，要力求严格控制实验条件。这个问题在实验因素各水平下的数值差别不大时更为重要。例如，某实验因素 m 的三个水平：$m_1 = 2.0$，$m_2 = 2.5$，$m_3 = 3.0$，在以 $m = m_2 = 2.5$ 为条件的某一个实验中，就必须严格认真地让 $m_2 = 2.5$。若因为粗心和不负责任，造成 $m_2 = 2.2$ 或造成 $m_2 = 3.0$，那就将使整个实验失去正交实验设计方法的特点，使极差和方差分析方法的应用丧失了必要的前提条件，因而得不到正确的实验结果。

四、正交实验设计举例

实际实验安排时，挑选因素水平、选择正交实验表等步骤都是同时进行的。例如在混凝实验中，首先确定将剩余浊度作为考察实验效果好坏的指标。然后确定实验要考察的三个因素：pH 值、搅拌强度、加药量。接下来为每个实验因素选取水平数，如 pH 值可选为 6、7、8 三个水平。这些因素和水平之间可能有 27 种不同的组合，也就是说，要经过 27 次实验才能知道哪一种最好。显然，进行全面的实验要花费大量的时间和精力，甚至不可能完成。对于这样的问题，我们采用合适的正交实验设计表来安排实验，只要经过 9 次实验便能得到满意的结果，我们选用 L_9 表，如表 2-2 所示。通过计算每个因素水平的平均值和极差，确定因素影响的主次顺序。

表 2-2　混凝正交实验 $L_9(3^3)$ 实验计划表

实　验　号	因　　素			
	加药量/(mg/L)	搅拌强度/(r/min)	pH 值	剩余浊度/FTU
1	10	90	6	y_1
2	10	100	7	y_2
3	10	120	8	y_3
4	20	90	6	y_4
5	20	100	7	y_5
6	20	120	8	y_6
7	30	90	6	y_7

实 验 号	因 素			
	加药量/(mg/L)	搅拌强度/(r/min)	pH 值	剩余浊度/FTU
8	30	100	7	y_8
9	30	120	8	y_9
K_1				
K_2				
K_3				
$\overline{K_1}$				
$\overline{K_2}$				
$\overline{K_3}$				
R				

第三章 水样的采集及管理

合理的水样采集和保存方法是保证检测结果能正确地反映被检测对象特征的重要环节。因此要获得真实可靠的水质化验结果，首先必须根据被检测对象的特征拟定水样采集计划，确定采样地点、采样时间、水样数量和采样方法，并根据检测项目决定水样的保存方法，力求做到所采集的水样，其组成成分的比例或浓度与被检测对象的所有成分一样，并在测试工作开展之前，各成分不发生显著的物理、化学和生物等变化。

水污染控制涉及水体污染防治、点源污染治理及实验室的实验研究等，其研究对象的特征差异性大，因而其水样的采集也各有所异。如河流、湖泊、水库的监测水样需要在设置的监测断面上采集；工业污染源中第一类污染物水样应在车间排放口采集混合水样，而第二类污染物水样应该在企业排污口采集；实验室小试的出水最好收集全部出水的混合样，而不是采集短时或瞬时水样等。

为确保水样的代表性和完整性，国家对水和废水检测的布点与采样、监测项目与相应的监测分析方法等制定了系列规范，如《地表水和污水监测技术规范》（HJ/T 91—2002）、《水质 采样技术指导》（HJ 494—2009）、《水质 采样方案设计技术规定》（HJ 495—2009）、《水质 采样 样品的保存和管理技术规定》（HJ 493—2009）和《水污染排放总量监测技术规范》（HJ/T 92—2002）等，为水样采样点的设置、采样、运输和保存制定了规范性的操作方法。对于非环境监测的水污染防治研究，水样采集的频次可以不受上述规范、规定的限制，但其采样点位和采样断面设置、水样采取、水样管理运输和保存应遵循上述规范、规定的要求。

第一节 采样点的设置

一、地表水污染防治监测采样断面和采样点的设置

地表水因水体规模较大，且受气候气象、地形地貌、城乡分布、社会经济、生态环境等众多因素的影响，其采集水样的代表性受采样断面设置、采样频次、采样方法等影响。为此，需要做好相应的断面设置和科学规划设计。

1. 布点前的调查研究和资料收集

样本的代表性首先取决于采样断面和采样点的代表性。为了合理的确定采样断面和采样点，必须做好调查研究和资料收集工作。其内容包括：水体的水文、气候、地质、地貌特征；水体沿岸城市分布和工业布局，污染源分布与排污情况，城市的给排水情况等；水体沿岸的资源（包括森林、矿产、土壤、耕地、水资源）现状，特别是植被破坏和水体流失情况；水资源的用途、饮用水源分布和重点水源保护区；实地勘察现场的交通状况、河宽、河床结构、岸边标志等；收集原有河段设置断面的水质分析资料。

2. 监测采样断面的设置原则

监测断面是指监测河段或水域的位置，这个位置可以是一个断面、断面上或水体中的一

条垂线、垂线上一个或一个以上的点。河流、湖泊（水库）监测断面的布设，要根据水域的分布，污染源的特征以及监测目的、监测项目和样品类型等进行确定。

水质监测及采样断面在宏观上要能反映水系或所在区域的水环境质量情况，尤其是所在区域环境的污染特征，尽可能以最少的断面获取足够的有代表性的环境信息，同时还需考虑实际采样时的可行性和方便性。具体设置原则如下：

（1）对流域或水系要设立背景断面、控制断面（若干）。在各控制断面下游，如果河段有足够长度（至少10km），还应设消减断面。

（2）根据水体功能区设置控制采样断面，同一水体功能区要设置1个采样断面。

（3）断面位置应避开死水区、回水区、排污口处，尽量选择顺直河段，河床稳定、水流平稳、水面宽阔、无激流、无浅滩处。

（4）采样断面应力求与水文测流断面一致，以便利用其水文参数，实现水质监测与水量监测的结合。

3. 监测采样断面的设置方法

（1）一个水系或一条较长河流中监测采样断面的设置

① 背景断面的设置。背景断面要能反映水系未受污染时的背景值。要求基本上不受人类活动的影响，远离城市居民区、工业区、农业化肥施放区及主要交通路线。原则上应设在水系源头处或未污染的上游河段，如选定断面处于异常区，则要在异常区的上、下游分别设置。如有较严重的水土流失情况，则设置在水土流失区的上游。

② 入境（对照）断面。入境断面用来反映水系进入某行政区域时的水质情况，应设置在水系进入本区域且尚未受到本区域污染源影响处。

③ 控制断面。控制断面用来反映某排污区（口）排放的污水对水质的影响。应设置在排污区（口）的下游，污水与河水基本混匀处。控制断面的数量、控制断面与排污区（口）的距离可根据以下因素决定：主要污染区的数量及其间的距离、各污染源的实际情况、主要污染物的迁移转化规律和其他水文特征等。此外，还应考虑其纳污量不应小于该河段总纳污量的8%。

④ 消减断面。消减断面是废水、污水汇入河流，流经一定距离与河水充分混合后，水中污染物的浓度因河水的稀释作用和河流本身的自净作用而逐渐降低，其左、中、右三点，浓度差异较小的断面。如此行政区域内河流有足够的长度，则应设置消减断面。消减断面主要反映河流对污染物的稀释净化情况，应设置在控制断面下游主要污染物浓度有显著下降处。

⑤ 出境断面。出境断面用来反映水系进入下一行政区域前的水质。因此应设置在本区域最后的污水排放口下游，污水与河水已基本混匀并尽可能靠近水系出境处。

⑥ 省（自治区、直辖市）交界断面。省、自治区和直辖市内主要河流的干流、一级支流、二级支流的交界断面，这是环境保护管理的重点断面。

⑦ 其他各类监测采样断面

- 水系的较大支流汇入前河口处，湖泊（水库），主要河流的出、入口应设置监测断面。
- 国际河流、入国境交界处应设置出境断面和入境断面。
- 国务院水环境监测主管部门统一设置省（自治区、直辖市）交界断面。

● 对流程较长的重要河流，为了解水质、水量变化情况，经适当距离后应设置监测断面。

● 水网地区流向不定的河流，应根据常年主导流向设置监测断面。

● 对水网地区应视实际情况设置若干控制断面，其控制的径流量之和应不少于总径流量的 80%。

● 有水工建筑物并受人工控制的河段，视情况分别在闸(坝、堰)上、下设置监测断面。如水质无明显差别，可只在闸(坝、堰)上设置监测断面。

● 对于季节性河流和人工控制河流，由于实际情况差异很大，这些河流监测断面的确定、采样的频次与监测项目、监测数据的使用等，由各省(自治区、直辖市)水环境监测主管部门自定。

(2) 流经城市和工业区河段监测断面的设置

流经城市和工业区的河段一般应设三种类型的监测断面，即对照断面、控制断面和消减断面。

① 对照断面用来了解河流入境前的水体水质情况，或污染源上游处区域水环境本底值，应设置在河流进入城市或工业区以前的地方，并位于该区域所有污染源上游处。一个河段只设一个对照断面。

② 一个河段上控制断面的数目应根据城市的工业布局和排污口分布情况而定。断面设置应考虑的原则与上述一般河流的控制断面设置原则相同。重要入河排污口下游的控制断面应设在距排污口 500~1000m 处。因为在排污口的污染带下游 500m 横断面 1/2 宽度处重金属的浓度会出现高峰值。

③ 消减断面是指废水、污水汇入河流，经一定距离与河水充分混合后，水中污染物的浓度因河水的稀释作用和河流本身的自净作用而逐渐降低，其左、中、右三点浓度差异较小的断面，消减断面一般应设在城市或工业区最后一个排污口下游 1500m 以上的河段。对一些水量小的河流，可根据具体情况确定消减断面的位置。

(3) 潮汐河流监测断面的设置

① 潮汐河流监测断面的布设原则与其他河流相同，设有防潮桥闸的潮汐河流，根据需要在桥闸的上、下游分别设置断面。

② 根据潮汐河流的水文特征，潮汐河流的对照断面一般设在潮区界以上。若感潮河段潮区界在该城市管辖的区域之外，则在城市河段的上游设置一个对照断面。

③ 潮汐河流的消减断面，一般应设在靠近入海口处。若入海口处于城市管辖区域外，则设在城市河段的下游。

④ 潮汐河流的断面位置，尽可能与水文断面一致或靠近，以便取得有关的水文数据。

(4) 湖泊、水库中监测断面的设置

在考虑汇入湖(库)的河流数量、径流量、季节变化情况，沿岸污染源对湖(库)水体的影响以及水面性质(单一或复杂水面)和水体的动态变化等水文条件特性的情况下，结合湖(库)水体的生态环境特点，再按照湖(库)污染物的扩散与水体自净状况，设置以下几种监测断面(图 3-1)。

湖(库)区若无明显功能区别，可用网络法均匀设置监测垂线。但对有可能出现温度分

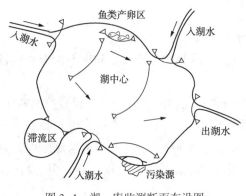

图 3-1 湖、库监测断面布设图

层现象时，应作水温、溶解氧的探索性实验后再定。受污染物影响较大的重要湖(库)，应在污染物主要输送路线上设置控制断面。

（5）岸边标志的确定

监测断面和垂线均应经水环境监测主管部门审查确认，并在地图上标明准确位置，在岸边设置固定标志。同时，用文字说明断面周围环境的详细情况，并配以照片。这些图文资料均存入断面档案。断面一经确认不准任意变动。确需变动时，需经水环境监测主管部门同意，重作优化处理与审查确认。

二、地表水的采样点位的确定

采样点位泛指水体中一个具体的采样点。采样点的布设是确定在一个监测断面或垂线上哪些点取样。一条河流即使是在完全混合断面上，各点的水质也是有差异的；湖泊和水库常是分层的，因此，这一步是取得代表性样品的重要环节。

1. 采样点的设置

在一个监测断面上设置的采样垂线数与各垂线上的采样点数应符合表 3-1 和表 3-2，湖(库)监测垂线上的采样点的布设应符合表 3-3。

表 3-1　采样垂线数的设置

水面宽	垂　线　数	说　　明
≤50m	一条(中泓)	①垂线布设应避开污染带，要测污染带应另加垂线。 ②确能证明该断面水质均匀时，可仅设中泓垂线。 ③凡在该断面要计算污染物通量时，必须按本表设置垂线。
50~100m	两条(近左、中岸有明显水流处)	
>100m	三条(左、中、右)	

表 3-2　采样垂线上采样点数的设置

水　深	采样点数	说　　明
≤5m	上层一点	①上层指水面以下 0.5m 处，水深不到 0.5m 时，在水深 1/2 处。 ②下层指河底以上 0.5m 处。 ③中层指 1/2 水深处。 ④封冻时在冰下 0.5m 处采样，水深不到 0.5m 处时，在水深 1/2 处采样。 ⑤凡在该断面要计算污染物通量时，必须按本表设置采样点。
5~10m	上、下层两点	
>10m	上、中、下三层三点	

表 3-3 湖(库)监测垂线采样点的设置

水 深	分层情况	采样点数	说 明
≤5m		一点(水面下 0.5m)	①分层是指湖水温度分层状况。②水深不足 1m 在 1/2 水深处设置测点。③有充分数据证实垂线水质均匀时,可酌情减少测点
5~10m	不分层	两点(水面下 0.5m,水底上 0.5m)	
5~10m	分层	三点(水面下 0.5m,1/2 斜温层,水底上 0.5m)	
>10m		除水面下 0.5m,水底上 0.5m 处外,按每一斜温分层 1/2 处设置	

2. 采样频次和监测项目

(1) 确定采样频次的原则

依据不同的水体功能、水文要素和污染源、污染物排放等实际情况,力求以最低的采样频次,取得最有时间代表性的样品,既要满足能反映水质状况的要求,又要切实可行。

(2) 采样频次与采样时间

① 饮用水源地、省(自治区、直辖市)交界断面中需要重点控制的监测断面每月至少采样一次。

② 长江、黄河、珠江、淮河、海河、辽河、松花江 7 大水系干流全年采样不少于 12 次,每月中旬采样;一般中、小河流全年采样 6 次,采样时间按丰、平、枯三期,每期采样 2 次;北方有冰封期和南方有洪水期的省(区)、市要分别增加冰封期、洪水期采样。

③ 流经城市或工业区污染较重的河流、特殊功能水域,全年采样不少于 12 次。遇特殊自然情况或发生污染事故,应随时增加采样频次。

④ 具有供水功能的湖泊、水库,全年采样不少于 12 次;其他一般湖泊、水库应酌情增加采样次数。

⑤ 受潮汐影响的监测断面的采样,分别在大潮期和小潮期进行。每次采集涨、退潮水样分别测定。涨潮水样应在断面处水面涨平时采样,退潮水样应在水面退平时采样。

⑥ 如某必测项目连续三年均未检出,且在断面附近确定无新增排放源,而现有污染源排污量未增的情况下,每年可采样一次进行测定。一旦检出,或在断面附近有新的排放源或现有污染源有新增排污量时,即恢复正常采样。

⑦ 国控监测断面(或垂线)每月采样一次,在每月 5~10 日内进行采样。

⑧ 水系的背景断面每年采样一次。

⑨ 为配合局部水流域的河道整治,及时反映整治的效果,应在一定时期内增加采样频次,具体由整治工程所在地方水环境监测主管部门制定。

(3) 监测项目

必测项目应依据国家水环境监测规范、地表水环境质量标准的有关规定和监测目的确定。

选测项目过多会造成人力、物力的浪费;过少则不能反映水体污染状况。所以,必须合理确定监测项目:

① 应优先选测毒性大、稳定性高，并在生物体中累积性强的持久性有机污染物（POPs）。

② 根据监测目的，选择国家和地方颁布的相应标准中所要求控制的污染物。

③ 有分析方法和相应手段进行分析的项目。

④ 大量监测经常检出或超标的项目。

三、地下水采样

1. 采样点的设置

（1）布点前的调查

① 进行现场工作之前，应收集、汇总有关水文、地质方面的资料和既往的监测资料，以及其他地球物理资料、岩层标本和水质参数等。

② 收集区域内基本气象资料(温度、湿度、降水量等)。

③ 搞清区域内各含水层和地质阶梯、地下水补给、径流和排泄方向。含水层和地质阶梯可用钻探和调查的方法进行了解。根据水井相互贯通的含水层静水位，可用水位等高线内差标出地下水的统一水位和标高，初步确定地下水的大致流向。

④ 调查城市发展、工业分布、资源开发和土地利用等情况；了解化肥和农药的施用面积和施用量；查清污水灌溉、排污、纳污和地表水污染的现状。

⑤ 要对水位及水深进行实际测量。测量水位和水深的目的是为了决定采水器和泵的类型、所需费用和采样程序。水位可从水井中直接测得，也可用地下水位计测得。水深可从成井资料的有关参数中获取。

⑥ 在完成以上调查研究的基础上，确定主要污染源和污染物；根据地区特点与地下水的主要类型(已有资料)，把地下水分成若干水文地质单元。

（2）采样点的布设方法

① 根据区域水文地质单元状况及地下水主要补给来源，在垂直于地下水流的上方布设一个背景值采样井。背景值采样井应设在污染区外围。若要查明点污染，可贯穿含水层的整个饱和层，在垂直于地下水流向的上方设置一个对照点，下方设三个以上的控制点。

② 工业区和重点污染源所在地的监测井的布设，主要根据污染物在地下水中的扩散形式确定：条带状污染是渗坑、渗井和堆渣区的污染物在含水层渗透性较大的地区的一种扩散形式，其监测井的布设应沿地下水流向，用平行和垂直的监测断面控制；点状污染是渗坑、渗井和堆渣区的污染物在含水层渗透性小的地区的扩散形式，监测井应在与污染源距离最近的地方布设。

③ 专用地下水采样井应按监测目的及要求布设。

④ 地下水采样井的布设密度，应根据水文地质条件、地下水运动规律及地下水污染程度确定，应有足够覆盖面，能反映本地区地下水环境质量状况与特征，一般宜控制在同一类型区内水位基本监测井数的10%左右。重要水源地、地下水水化学特性复杂或地下水污染严重地区可适当加密。在已经掌握地下水动态规律的地区可相应减少10%～20%。

⑤ 布设的采样井应有固定和明显的天然标志物。没有天然标志物的应设立人工标志物，然后按顺序编号，并将编号的采样井位标在地区分布图上，根据确定的流向，画出地下水位流向图。

2. 采样时间与频率

（1）采样时间

① 每年按丰水期和枯水期分别采样。各地水期不同，应按当地情况确定采样月份，采样时间确定后，不得随意变更。

② 地下水污染区采样时间应根据污染种类、污染方式及污染途径确定。一般应在排污前、后和雨季前、后采集。

③ 有条件的地方，按地区特点分四季采样。已建立了长期观测井的地方可按月采样。

（2）采样频率

① 每一采样期至少采样一次，对有异常情况的井应适当增加采样次数。

② 作为饮用水的地下水采样井，每期应采样两次，其间隔时间至少 10 天。

③浅层地下水和水质变化较大的含水层，每年丰水期、枯水期各采样一次；深层地下水和水质变化不大的含水层，每年在枯水期采样一次。

3. 监测项目的确定

（1）常规监测项目的确定

常规必测项目应按国家规定执行。

（2）选测项目的确定

生活饮用水根据《生活饮用水卫生标准》中规定的项目进行监测。此外，根据不同地区的特殊情况，还应选测特殊项目，如某些地方病流行地区应选测钼、碘等。

工业上用作冷却、冲洗和锅炉用水的地下水，可增加浸蚀性二氧化碳等监测项目。

城郊、农村地下水考虑施用农药和化肥的影响，可增加有机磷、有机氮和总有机氮等监测项目。

污染源和被污染区的地下水这些地区应根据污染物的种类和浓度，适当增减监测项目。如果采样点位于重金属污染严重的地表水区域，监测项目应增加重金属；在受采矿和选矿尾水影响的地方，可按矿物成分和丰度来确定监测项目；处于北方盐碱区和沿海受潮汐影响的地区，可增加溴、碘等监测项目。

四、污废水采样

1. 采样点的设置

（1）工业废水采样点的设置

① 第一类污染物采样点位一律设在车间或车间处理设施的排放口或专门处理此类污染物设施的排口。

② 第二类污染物采样点位一律设在排污单位的外排口。

③ 进入集中式污水处理厂和进入城市污水管网的污水采样点应根据地方环境保护行政主管部门的要求确定。

④ 对整体污水处理设施效率监测时，在各种进入污水处理设施污水的入口和污水设施

的总排口设置采样点。

⑤ 对各污水处理单元效率监测时，在各种进入处理设施单元污水的入口和设施单元的排口设置采样点。

（2）城市污水采样点的设置

① 非居民生活排水支管接入城市污水干管的检查井内。

② 城市污水干管的不同位置。

③ 合流污水管线的溢流井。

④ 雨水支、干管的不同位置以及雨水调节池。

⑤ 城市污水进入水体的排放口。

（3）入河排污口采样点的设置

工业废水和生活污水入河排污口处应设置采样点；此外，在废污水入河排污口的上、下游适当位置应设置采样点。

2. 采样频次与采样时间

废水的采样时间和采样周期主要取决于生产周期、排污状况（如排入的连续性、均匀性）和分析要求。对于排污状况复杂、浓度变化大的废水，采样的时间间隔要短，频次要高，最好采用连续自动采样的方式。对于排放污染物已知且浓度变化幅度较小，水质和水量比较稳定的废水采样频次就可以较少。在一般情况下，工业废水的采样时间应尽可能选择在开工率、运转时间及设备处于正常状态时，并且至少以调查一个操作日作为单位，而后将从生产和废水排放开始至结束的一个周期作为一个采样单位，具体采样间隔视废水排放量情况和有关规范要求确定。

（1）对污染源的监督性监测每年不少于1次，如被国家或地方水环境监测主管部门列为年度监测的重点排污单位，应增加到每年2~4次。因管理或执法的需要所进行的抽查性监测或企业的加密监测由各级水环境监测主管部门确定。

（2）排污单位为了确认自行监测的采样频次，应在正常生产条件下的一个生产周期内进行加密监测：周期在8h以内的，每小时采1次样；周期大于8h的，每2h采1次样，但每个生产周期采样次数不少于3次。采样的同时测定流量。根据加密监测结果，绘制污水污染物排放曲线（浓度-时间，流量-时间，总量-时间），并与所掌握资料对照，如基本一致，即可据此确定企业自行监测的采样频次。

（3）排污单位如有污水处理设施并能正常运转使污水能稳定排放，则污染物排放曲线比较平稳，监督监测可以采瞬时样；对于排放曲线有明显变化的不稳定排放污水，要根据曲线情况分时间单元采样，再组成混合样品。正常情况下，混合样品的单元采样不得少于两次。如排放污水的流量、浓度甚至组分都有明显变化，则在各单元采样时的采样量应与当时的污水流量成比例，以使混合样品更有代表性。

（4）对于污染治理、环境科研、污染源调查和评价等工作中的污水监测，其采样频次可以根据工作方案的要求另行确定。

表3-4列出了污染源监测的采样频率和水样种类的一般要求。

表 3-4 污染源监测的采样频率和水样种类

项目	监测对象	水样名称	采样频率和时间	监测目标	备注
车间排放口	连续稳定生产	① 平均混合水样 ② 定时水样或平均比例混合水样	一个生产周期内等间隔采样数次 宜每月测 1 次，每次连续测一个生产周期	平均浓度 最大浓度和平均浓度	① 宜在采样同时测定废（污）水流量变化 ② 宜采用自动采水器和连续比例采样器
车间排放口	连续不稳定生产	① 平均混合水样 ② 定时水样	每周至少测 2 次 每周至少测 2 次，每次宜1h采样 1 次，连续测一个大致的生产周期	平均浓度 最大浓度和平均浓度	
车间排放口	无规律间歇排污	定时水样	一月监测 2 次，每次生产中至少采样 5 次	平均浓度	
工厂	总排放口	定时水样或平均比例混合水样	① 一个生产周期内每隔若干小时采样 1 次 ② 平均每季度采样 1 次	掌握排放规律和出现 最大浓度时段平均浓度	
工厂	废水均化调节池出口	平均混合水样或瞬时水样	每月 2 次	平均浓度	
城市	污水管网	平均混合水样或瞬时水样	每月 1 次，按统计法确定频率	平均浓度	
城市	污水总排放口	定时水样或平均比例混合水样	①结合江河水质例行监测，一年中在丰、平、枯水季测 1 次 ②每次进行一昼夜，每 4h 采 1 次样，宜按流量变化比例采样	平均浓度	

第二节　水样的采集

一、水样的分类

因采样的目的和具体情况差异，采样方式及水样的类型会发生变化。通常，对河流、湖（库）等天然水体可以采集瞬时水样；而对生活污水和工业废水应采集混合水样。

1. 瞬时水样

指在某一定的时间和地点，从水体中或污（废）水中随机采样的分散水样。对于流量及污染物浓度都相对稳定的水体或污（废）水，采集瞬时样品具有良好的代表性。当水体的组成随时间发生变化，则要在适当时间间隔内多点采集瞬时水样，分别进行分析，绘制浓度-时间或流量-时间曲线，掌握水质水量变化规律。

2. 定时水样

在某一段时间内，在同一采样点按等时间间隔采集等体积的单一水样，且每个样品单独测定。用于研究水体、污（废）水排放（或污染程度）随时间的变化规律。

3. 等时综合水样

把从不同采样点按照流量大小同时采集的各个瞬时水样经混合后所得到的水样。其适用于多支流河流、多个排放口的污水样品的采集。

4. 等时混合水样

指在某一时段内，在同一采样点位（断面）按等时间间隔所采等体积的混合水样。其适用于污（废）水排放流量相对稳定，但水质或污染物组合、浓度均有变化的水样采集，常用于平均浓度测定。等时混合水样不适用于测试成分在水样储存过程中明显发生变化的水样，如挥发酸酚、油类、硫化物等。

5. 等比例混合水样

指在某一段时间内，在同一采样点位所采水样量与时间或流量成比例的混合水样。当水量和水质均不稳定或随时间变化时，必须基于流量变化按比例采取混合样，即按一定的流量采集适当比例的水样。一般使用流量比例采样器完成水样的采集。

对于排污企业，生产的周期性影响着排污的规律性。为了得到代表性的污水样，应根据排污情况进行采样。不同的工厂、车间生产周期不同，排污的周期性差别也很大。一般地说，应在一个或几个生产或排放周期内，按一定时间间隔分别采样。对于水量和水质稳定的污染源，可采集等时混合水样；对于水量和水质不稳定的污染源可采集等比例混合水样或者可分别采样，分别测定后按照流量比例计算平均值。

二、采样前的准备

1. 制定采样计划

采样负责人在制定计划前要充分了解该项监测任务的目的和要求；应对要采样的监测断面周围情况了解清楚；并熟悉采样方法、水样容器洗涤、样品的保存技术。在有现场测定项目和任务时，还应了解有关现场测定技术。

采样计划应包括：确定采样垂线和采样点位、测定项目和数量、采样质量保证措施、采样时间和路线、采样人员和分工、采样器材和交通工具以及需要进行的现场测定项目和安全保证等。

2. 盛样容器的准备

（1）容器的材质。采集和盛装水样容器的材料应满足化学稳定性好，保证水样的各组分在储存期内不与容器发生反应；抗环境温度从高温到严寒的变化，抗震、大小、形状和重量适宜；能严密封口，并容易打开；价廉、易得；容易清洗并可反复使用。

常用材料为高压聚乙烯塑料（以 P 表示），一般玻璃（以 G 表示）和硬质玻璃或称硼硅玻璃（以 BG 表示）。不同监测项目水样容器应采用的材料见表 3-5。

装储水样应采用细口容器，容器的盖和塞材料应与容器材料一致。在特殊情况下需用软木塞或橡皮塞时必须用稳定的金属箔或聚乙烯薄膜包裹，最好有蜡封。塑料容器应用塑料螺口盖，玻璃容器用玻璃磨口塞。

（2）容器的洗涤。容器的洗涤方法应按样品成分和监测项目确定：

一般通用的洗涤方法：玻璃瓶和塑料瓶首先用水和洗涤剂清洗，以除去灰尘、油垢，再用自来水冲洗干净，然后用 10% 的硝酸（或盐酸）浸泡 8h，取出沥干，用自来水冲洗干净，最后用蒸馏水充分荡洗三次。

有特殊要求的洗涤方法：①用于盛装背景值调查样品的容器采用 10% 盐酸浸泡 8h 以

后，还需用1+1的硝酸浸泡3~4天，沥去酸液后用自来水冲洗干净，再用蒸馏水充分荡洗三次；②测铬的样品容器只能用10%的硝酸泡洗，不能用铬酸洗液或盐酸洗液泡洗；③测总汞的样品容器采用1+3硝酸充分荡洗后放置数小时，然后依次用自来水和蒸馏水洗涤干净；④测油类的样品容器应用广口玻璃瓶作容器，按一般通用洗涤方法洗涤后，还要用萃取剂(如石油醚等)彻底荡洗2~3次；⑤测有机物的玻璃容器，先用重铬酸钾洗液浸泡一昼夜，然后用自来水冲洗干净，再用蒸馏水冲洗干净，并在烘箱内180℃下烘干4h，冷却后再用纯化过的己烷、石油醚冲洗数次；⑥细菌监测用的样品容器，除按一般清洗方法之外，还应将玻璃容器和塞子置于160℃干燥箱内干热灭菌2h，或用高压蒸汽在121℃下灭菌15min，灭菌的瓶应在两周内使用，并于使用前用蒸馏水荡洗1~2次。

洗涤质量的检查：在每批洗涤好的样品容器中随机抽取数个容器，分别往其中装入二级纯水(混合床去离子水，比电阻在10MΩ·cm以上)，并模拟水样保存方法，分别加入相应的保存剂，48h后取样分析。用与样品测定相同的方法进行分析，最终结果不应检出任一待测元素。如果有某种待测元素被检出或者检出的浓度较高，应查明原因并作相应的处理，如果是由于洗涤不彻底造成的，则整批容器均应重洗或增加酸洗时间。

(3)容器的编号。水样容器应按类型和项目编号，标签要粘贴在不易磨损、碰撞的部位。在采样前要检查所有容器的标签完整性，禁止用胶布和其他可能沾污样品的物品做标签。

3. 采样器的准备

采样前应选择合适的采样器，先用自来水冲去灰尘和其他杂物。采样器如果是塑料或玻璃材质的，要按容器的一般洗涤方法洗净备用；如果是金属的，应先用洗涤剂清除油垢，再用自来水冲洗干净，晾干备用；用盛样容器做采样器时，应按盛样容器清洗方法清洗；特殊采样器的清洗方法按说明书要求进行。

国内常用的采样器见表3-5，可依不同采样要求选择。

表3-5　国内常用的采样器

采样器名称	规格型号	适用范围
水桶	塑料(聚乙烯)	地表表层水采样
简易采水器	图3-2(a)	地下水和地表水采样
改良凯末尔采水器	图3-2(b)	地下水和地表水采样
单层采水瓶	玻璃或塑料[图3-2(c)]	地表表层、深层水采样
直立式采水器	玻璃或塑料	地表表层、深层水采样
电动采水泵	塑料	地表表层、深层水采样
深层采水器	图3-2(d) 有机玻璃HQM-1 有机玻璃HQM-2	地表表层、深层水以及地下水采样
连续自动定时采水器	XH81-1	地表表层、深层水和混合水采样
自动采水器①	772型 773型	地下水及地表表层、深层水采样
	778型 806型	地表表层和深层水采样
水文测量采水器②	铁质横式	地表表层和深层水采样

注：①国产自动采水器型号很多，表内不一一列举；
　　②用水文测量采水器采集的水样不适于痕量金属分析用。

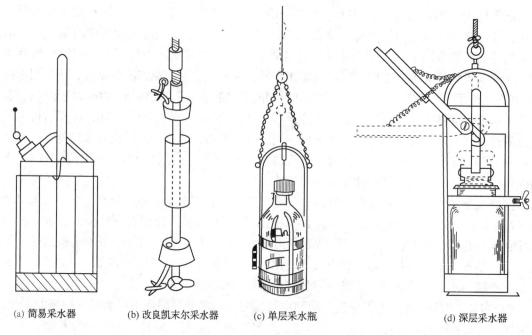

(a) 简易采水器　　　(b) 改良凯末尔采水器　　　(c) 单层采水瓶　　　(d) 深层采水器

图 3-2　采样器规格型号

4. 保存剂的准备

各种保存剂在采样前应作空白实验，其纯度和等级要达到分析方法的要求，按规定配置备用，并在每次使用前检查有无沾污情况。

5. 水上交通工具的准备

一般河流、湖泊、水库采样可用小船。小船经济、灵活、可到达任一采样位置。最好有专用的监测船或采样船。如果没有专用的监测船或采样船可供使用，应考虑水体和气候情况选用适当吨位的船只，并注意安全。

三、地表水水样的采集

1. 水质物理化学特性的现场测定与描述

采样者到达采样点后先采集水样，对有条件进行现场监测的项目进行现场测定，测定项目包括水温、pH 值、电导率、溶解氧（DO）、氧化还原电位（Eh），测定结果记入水样采集表。

2. 水文参数的测量

在评价水环境状况时，除需要水质监测数据外，还需要水文测量参数。例如计算水体污染负荷是否超过环境容量，评估污染控制效果和年度间污染物浓度的升降，都必须与年径流量变化联系起来。水文参数的测量应与水质监测同步进行。

每个设置采样断面的监测河段，都应有一个水文测量断面。所处河段如有水利部门的水文测量断面，则采样断面应尽可能与水文测量断面重合，以利用其水文参数。所处河段没有水利部门的水文测量断面时，应选择一个水文参数比较稳定，其流量可代表其他采样断面的一个采样断面作水文测量断面，进行水质、水量同步监测。

为了减少测量工作量，可建立水位标尺，以测量不同水位的不同过水断面。还应在一个水文年的不同时期，测量实际流量和相应的瞬时水位，绘制水位流量关系曲线（$H-Q$ 线）。

26

另外，在测量流量时，要同时记录不同水位每一垂线的平均流速，以获得不同水位的横断面流速分布曲线。绘制出这两条曲线后，测流速时，只要看水位标尺读数，就可以从曲线图上查出各垂线的平均流速以及通过断面相应部分的面积和流量，并可按流量加权计算断面污染物浓度的代表值。

3. 采样方法

采样方法有船只采样、桥梁采样、涉水采样、索道采样等。

船只采样　一般在河流、湖泊、水库采样应有专用监测船或采样船，如无条件也可用手划或机动的小船到达采样位置采样。采样时应位于上游一侧采集，避免机器浮油污染水样。

桥梁采样　确定采样断面时应考虑采样方便，尽量利用现有的桥梁采样。在桥上采样安全、可靠、方便，不受天气和洪水影响，适合于频繁采样，并能在横向和纵向准确控制采样点位置。

涉水采样　较浅的小河和靠近岸边水浅的采样点可采用涉水采样。但要避免搅动沉积物而使水样受污染。涉水采样时，采样者应站在下游，向上游方面采集水样。

索道采样　在地形复杂、险要、地处偏僻处的山区，流速较大的小河流，可架索道采样。

4. 采样数量

水样采集量由监测项目和分析方法决定。不同监测项目对水样的用量有不同的要求，所以采样必须按照各个监测项目的实际情况分别计算，再适当增加 20%～30% 的余量作为各监测项目实际采样量。供一般物理化学分析的项目用水量约 2～3L，如待测的项目很多，需要采集 5～10L，经充分混合后装于 1～2L 储样瓶中。

5. 采样注意事项

(1) 采样时不可搅动水底的沉积物。

(2) 采样时应保证采样点的位置准确。必要时使用定位仪(GPS)定位。

(3) 认真填写"水质采样记录表"用签字笔或硬质铅笔在现场记录，字迹应端正、清晰、项目完整。

(4) 保证采样按时、准确、安全。

(5) 采样结束前，应核对采样计划、记录与水样，如有错误或遗漏，应立即补采或重采。

(6) 如采样现场水体很不均匀，无法采到有代表性的样品，则应详细记录不均匀的情况和实际采样情况，供使用该数据者参考。

(7) 测定油类的水样，应在水面至 300mm 采集柱状水样，全部用于测定。并且采样瓶(容器)不能用采集的水样冲洗。

(8) 测溶解氧、生化需氧量和有机污染物等项目时，水样必须注满容器，上部不留空间，并有水封口。

(9) 如果水样中含沉降性固体(如泥沙等)，则应分离除去。分离方法为：将所采水样摇匀后倒入筒形玻璃容器(如 1～2L 量筒)，静置 30min，将不含沉降性固体但含有悬浮性固体的水样移入盛样容器并加入保存剂。测定水温、pH 值、DO、电导率、总悬浮物和油类的水样除外。

(10) 测定湖(库)水的 COD、高锰酸盐指数、叶绿素 a、总氮、总磷时，水样静置 30min 后，用吸管一次或几次移取水样，吸管进水尖嘴应插至水样表层 50mm 以下位置，再加保存剂保存。

（11）测定油类、BOD$_5$、DO、硫化物、余氯、粪大肠菌群、悬浮物、放射性等项目要单独采样。

四、地下水水样的采集

1. 现场测定与描述

水文参数　水位、井深、水温、自流地下水的涌流量。

水质参数　pH值、电导率、溶解氧、氧化还原电位、水温、色度、嗅和味等。

2. 采样方法

地下水较常用的采样方法有井口采样、钻井采样、抽取采样和深度采样等。

井口采样　井口采样适用于供水水源水质的常规监测或监督饮用水的水质状况。采样时直接用采样瓶，从井口水龙头或生产井排液管中采集水样，也可以从距配水系统最近的水龙头或井口储水箱中取样。

钻井采样　钻井采样适用于了解劣质地下水所处的水平位置和研究含水层内地下水水质沿垂向变化情况。通常在钻挖测井过程中用抓斗式采样器或气提泵采集样品。

抽取采样　抽取采样适用于地下水质在竖直方向是均匀的地方，或所要求的是近似平均成分的垂直混合样品。采样时直接通过一根安放于测井内的管子抽吸水样或经采样瓶虹吸抽取，也可以通过气动法压缩气体(一般用氮气)将水柱从测井内推至地面。

深度采样　深度采样适用于样品的来源是已知的情况和不稳定性分析参数的采样。采样时将深水采样器放至井中，让它在指定深度灌满水，然后将采样器提至地面，并将水样转入采样瓶中。

3. 采样数量

采样时要根据监测项目的多少，计算水样总需求量。按总需求量的 1.1～1.3 倍采集水样。单个监测项目的采样体积一般为 50～500mL。

4. 采样记录

水样采集后，首先要求及时将新测参数记录下来，记录表的格式见表3-6。现场记录应做到字迹工整、编号对应清楚。其次还应填写水样送检单一式三份，分交采样人、送样人和实验室各一份备查。水样送检单的格式见表3-6。

表3-6　地下水采样记录表

___年___月___日

井号	详细地址	水位/m	井深/m	水温/℃	pH值	电导率/(μS/cm)	溶解氧/(mg/L)	氧化还原电位 Eh/mV

采样人_____　填表人_____

5. 采样注意事项

（1）采样前应检查采样点附近的标志物和编号，保证每次在同一采样点采样。

（2）从井口采样时，应先放水 5~10min，排净积留于管道中的存水，然后再采样。

（3）人工采样时，放入或提出采水器要轻、慢，尽量不搅动井水，以免混入井底和井壁的杂质而污染水样。

（4）采集泉水水样，当水深不足 1m 时，可直接用采样容器灌注。对流动的泉水，应在泉水流出处或水流汇集的地方采样。

（5）采水器容积有限时可多次采样，用干净的大容器集装后，混合均匀再分装于各水样瓶中。

（6）为保证采样质量，规定在 10%~20% 的采样点随机采集平行样品。平行采样点应选择网状布点中重点污染的区域。

五、废(污)水样品的采集

1. 采样方式

（1）对生产工艺过程连续、恒定，废水中组分及浓度不随时间变化或某些平均浓度达标，但高峰排放浓度超标的废水，可以采用瞬时采样方法采集样品。

（2）废水排放不稳定，根据排污规律，分时间单元按比例采样，组成混合样品。

（3）对于污染物不稳定，间断排污或无规律生产的废水，应根据实际情况，在生产时分别采样，测定后取平均值。

（4）对于测定 pH 值、溶解氧、硫化物、有机物、细菌学指标、余氯、化学需氧量、生化需氧量、油脂类和其他可溶性气体等项目的废水样，需瞬时采集单独水样，不能组成混合样品。

各种类型水样的采样方式及其适用情况见表 3-7。

表 3-7　各种类型水样的采样方式及其适用情况

分类	名称	采样方式	适用情况
按监测对象要求	平均混合水样	在一段时间内，每隔一定时间采集等量的水样，置于同一容器中，混合后测其平均浓度	废水流量恒定，但水质有变化的污染源
	平均比例混合水样	根据废水量大小，在一个生产周期内每隔相同时间，按比例采样，置于同一容器中，混合后测其平均浓度	废水量及水质均有变化的污染源，生活污水宜采集平均比例混合水样
	连续比例混合水样	采用自动连续采样器，按废水流量变化设定程序，使采样器按比例连续采集混合的水样	废水量和水质不稳定的污染源宜采用连续自动监测
	瞬时水样	在规定时期内随机地、一次性采集所需水样	废(污)水量与水质均较稳定的污染源
	定时水样	在一个周期内，每隔相同时间采样，且每个样单独测定	调查任何污染源在某段时间内污染物的排放情况
按分析项目	单项目水样	每个项目单独采样及测定	监测废水中非溶解性物质(如悬浮物、油类等)及在放置过程中易发生变化的参数(如溶解氧、硫化物等)
	多项目水样	多个测定项目只采集 1 份水样	具有相同保存要求的水样(如需要加入相同的保存剂并采用相同的容器等)

2. 采样方法

浅水采样　可用容器直接采样或用聚乙烯塑料长把勺采样。

深水采样　可用有机玻璃采水器采样，使用方法详见产品说明书；用自制的架内固定聚乙烯塑料样品容器沉入废水中采样。

自动采样　自动采样用自动采样器进行，有时间比例采样和流量比例采样。当污水排放量较稳定时可采用时间比例采样，否则必须采用流量比例采样。

实际的采样位置应在采样断面的中心。当水深大于 1m 时，应在表层下 1/4 深度处采样；水深小于或等于 1m 时，在水深的 1/2 处采样。

3. 采样注意事项

（1）根据排污口的污染物排放状况，合理选择废水样品采集类型。

（2）采集废水样品时，应同时测定流量，作为确定混合组成比例和排污量计算的依据。

（3）采样时应注意除去水面的杂物、垃圾等漂浮物。随废水流动的悬浮物或固体微粒，应看成是废水的一个组成部分，不应在测定前滤除。

（4）用样品容器直接采样时，必须用水样冲洗三次后再行采样。但当水面有浮油时，采油的容器不能冲洗。

（5）用于测定悬浮物、BOD₅、硫化物、油类、余氯的水样，必须单独定容采样，全部用于测定。

（6）在选用特殊的专用采样器(如油类采样器)时，应按照该采样器的使用方法采样。

（7）采样时应认真填写"废水采样记录表"。表中应有以下内容：污染源名称、监测目的、监测项目、采样点位、采样时间、样品编号、污水性质、污水流量、采样人姓名及其他有关事项等。

（8）凡需现场监测的项目，应进行现场监测。其他注意事项可参见地表水质监测的采样部分。

4. 监测项目

城市污水和工业废水的监测是要掌握废（污）水排放量（m³/h 或 m³/a）；废（污）水污染物浓度（mg/L）；污染物的排放总量（kg/h 或 t/a）。各种废（污）水经常监测的污染物参数项目分为第一类污染物和第二类污染物。第一类污染物指能在环境或动植物内积蓄，对人类产生长远不良影响的污染物质，共 13 种：总汞、烷基汞、总镉、总铬、六价铬、总砷、总铅、总镍、苯并(a)芘、总铍、总银、总 α 放射性、总 β 放射性。第二类污染物指长远影响小于第一类污染物质，在排污单位排放口采样时对其最高允许的排放浓度符合一定要求，如：pH、色度、悬浮物、化学需氧量、石油类、挥发酚、总氰化物、硫化物、氨氮等。

六、特殊项目的采样

1. 总大肠菌群

总大肠菌群是《地表水环境质量标准》(GB 3838—2002)的一项指标，其水样容器宜用500mL 带螺帽或磨口塞的广口耐热玻璃瓶。螺旋帽应是金属的并配以聚乙烯衬垫。采样前容器必须经过洗涤和灭菌。方法是将样品瓶置于160℃干燥箱内干热灭菌 2h，或用高压蒸汽在121℃下灭菌 15min。灭菌的瓶子应在两周内使用，并于使用前用蒸馏水荡洗 1~2 次。

测细菌项目的样品应在 2h 内送到实验室检验。否则，应保存在4℃下于 4h 内送实验室检验。如采样点很远，则应建立现场实验室。样品瓶装在塑料周转箱内，加盖用专车送实验室。

注意事项：

（1）当水中可能有余氯时，应在灭菌前往 500mL 瓶中加 0.1mL 10% 硫代硫酸钠溶液。估计水样中铜、镍、锌等重金属浓度高于 0.01mg/L 时，应在灭菌前向 500mL 瓶中加入 15%的乙二胺四乙酸二钠 0.3mL。

（2）不得采混合水样作细菌监测。

（3）不得用水样涮洗样品瓶，应直接采样，并避免手指和其他物件对瓶口的沾污。

（4）同一水源、同一时间采集几个监测项目的水样时，必须先采细菌监测水样。

2. 放射性样品

水样容器宜采用聚四氟乙烯的细口瓶；亦可用高压聚乙烯瓶代替。

容器的洗涤同背景值监测样品的要求，为了检验洗涤质量，可在一批洗净容器中随机抽样，用王水浸洗，然后分析清洗液中放射性活度是否在允许噪声范围内。

采样方法同一般水样。水样的最小采集体积（V）按下式计算：

$$V=A_0/60A$$

式中　A_0——分析仪器的灵敏度，衰变次数/min；

　　　A——水样中放射性物质的浓度，Bq/L。

注意事项：

（1）监测氚、^{14}C 和 ^{131}I 的水样不能加酸，应尽快分析。

（2）监测铯的水样不能用盐酸酸化。

（3）监测含氚、^{14}C 和 ^{131}I 又含其他放射性物质的水样应取双份，一份加酸，另一份不加酸，分别测定。

（4）一般的水样可用 HNO_3 或 HCl 将水样调至 pH<2，最好在 4℃ 保存。

3. 油类

容器材料和洗涤方法同一般监测项目。只测定水中溶解或乳化油含量时，可用一般项目的采样器。采样时注意避免水面浮油。

测定水面厚油膜的油含量时，要同时采集水面上油膜样品和测量油膜厚度和面积，将三角漏斗固定在球形分液漏斗上。采样时打开分液漏斗旋塞，手持分液漏斗和三角漏斗迅速插入水中，将三角漏斗面低于油膜底面，快速将三角漏斗和分液漏斗取出水面并关闭旋塞。

测定水面薄层油膜的油含量时，可用一个已知面积的不锈钢格架，格架上布上不锈钢丝网，网上固定容易吸油的介质（如合成纤维，有机溶剂泡过的纸浆或厚滤纸），用不锈钢格架网放在水面上吸收漂浮油分。取出钢网，用正己烷溶解油分供测定，油分含量单位 mg/m^2。

4. 溶解氧

采样时应注意以下几点：

（1）用直立式采水器采样较好，采样操作见采水器说明书。

（2）最好是用溶解氧测定仪在现场直接测定。

（3）采样时要避开湍急的河段，采得的水样不能曝气，样品瓶内不得有小气泡。

第三节　水样的保存与运输管理

一、水样的保存

1. 水样保存必要性

从水体中取出代表性的样品到实验室分析测试的时间间隔中，由于水样离开了水体母源，水中原有的某些物质的动态化学平衡和氧化还原体系势必遭到破坏，使水中所含物质发生物理的、化学的和生物的变化，这些变化使得进行分析时的样品已不再是采样时的样品。水样变化的原因如下：

（1）水中的细菌、藻类和其他生物可能消耗、释放或改变水中一些组分的化学形态，如溶解氧、二氧化碳、生化需氧量、pH、碱度、硬度、氮、磷和硅化物等。

（2）水体中具有还原性的某些组分，会由于与空气中的氧接触被氧化，如有机化合物、亚铁离子、硫化物等。

（3）有些组分可能沉淀，如碳酸钙、金属等化合物，并使水体中某些微量组分因吸附、包藏或混晶而发生共沉淀。

（4）pH、电导率、二氧化碳、碱度、硬度等可能因从空气中吸收二氧化碳而改变。

（5）溶解于水中的易挥发成分和气体，因压力和温度的骤然变化会逸散、挥发（氧氰化物、汞、苯系物、卤代烃），从而引起组分浓度的变化。

（6）溶解状态和胶体状态的金属以及某些有机化合物可能被吸附在盛水器内壁或水样中固体颗粒的表面上。

（7）一些聚合物可能会分解，如缩聚的无机磷和聚合的硅酸。

这些变化进行的程度随水样的化学和生物学性质不同而变化，取决于水样所在的环境温度，所受的光线作用，用于储存水样的容器特性，采样到分析所需的时间，传送样品时间的条件等。这些变化往往是相当快的，几小时就会明显地改变样品浓度，因此，要想完全制止水样在存放期间内的物理、化学和生物学变化是很困难的。水样保存的基本要求只能是尽量减少其中各种待测组分的变化。亦即做到：减缓水样的生物化学作用；减缓化合物或络合物的氧化-还原作用；减少被测组分的挥发损失；避免沉淀、吸附或结晶物析出所引起的组分变化。

由此可见，水样的正确保存是水质监测全程序质量控制的重要一环。尽管现在还找不到使样品待测成分绝对不变的保存方法，但是采取一些有效措施，以减少或延缓某些成分的变化是完全可能的，也是十分重要的和必要的。

2. 水样保存方法

为尽量减少水样组分的变化，使水样具有代表性，最有效的办法是缩短运输时间，尽快分析。但实际上总需要保存水样。为此，应根据不同监测项目的要求，采取不同的保存方法。例如，需要分析水样中可过滤（溶解）的金属时，应在采样后立即用 0.45μm 滤膜过滤，需要分析水样中可用酸萃取的金属时，因其常被轻微地吸附在颗粒物上，故采样后应在每升水样中加入 5mL 浓硝酸；需要分析水样中各种存在形态的金属时（包括无机结合和有机结合的、可溶的和颗粒的），采样后既不加硝酸也不要过滤；测定不可过滤的金属时，应保留过滤水样用的滤膜，将滤膜上的残渣连同滤膜一并消化，并同时做滤膜空白，以便获取空白校正值。有些监测项目则要求必须在限定的时间内将水样送到实验室。下面介绍几种最常用的水样保存方法。

（1）冷藏与冷冻

水样在 2~5℃冷藏保存，最好放在暗处或冰箱中。这样可以抑制生物活动，减缓物理作用和化学作用的速度。这种保存方法对以后的分析测定没有妨碍。但这种办法不能做为长期保存的手段，尤其对废水样品更是如此。

除了低温冷藏外，有的水样还需要深冷冰冻储存。有些文献报导，将水样保存在-20℃的深冷条件下，对磷、氮、硅化合物以及生化需氧量等的稳定性都大有益处。但这需要熟练掌握冷冻和融化技术，以便在融化后使样品仍能回复到原来的平衡状态。在这种情况下，建议最好使用塑料容器。

玻璃容器不适合用于冷冻。用作微生物检验的样品不能冷冻，因为冰冻时有可能使生物细胞破裂，使生物体中的化学成分进入水溶液中。

（2）过滤与离心分离

取样期间或取样后，立即用滤纸或滤膜进行过滤，或通过离心分离的办法，都可以将样品中的悬浮物、沉淀、藻类以及其他微生物去除。使用孔径合适的滤器可有效地除去藻类和细菌，使滤后样品具有足够的稳定性。当然，如果过滤器会将待测组分截留则不能采用过滤的办法。同样，过滤器亦不应导致样品污染，而且在使用前要对其进行仔细地清洗。

在分析时，过滤的目的主要是区分过滤态和不可过滤态，在滤器的选择上要注意可能的吸附损失，如测有机项目时一般选用玻璃纤维或聚四氟乙烯过滤器，而在测定无机项目时则常用 $0.45\mu m$ 的滤膜过滤。

（3）加入化学保存剂

保存剂可以在实验室中预先加入已洗净晾干的水样容器内，也可在采样后加入水样中，为避免保存剂在现场被沾污，最好在实验室将其预先加入容器内。但是，易变质的保存剂不能预先添加。不同水样和不同的被测物要求加入不同的保存剂。

加冻菌剂　为了抑制生物作用，往样品中加入冻菌剂，如在测 NH_4^+-N、NO_3^--N、COD 的水样中，加入 $20\sim40mg/L$ Hg_2Cl_2。也有加入氯仿、甲苯作防腐剂以抑制生物对 NO_2^-、NO_3^-、NH_4^+ 的氧化还原作用。在测酚类水样中加 H_3PO_4 调至 pH = 4，加入 $CuSO_4$ 溶液（$1gCuSO_4\cdot5H_2O/L$）以控制苯酚分解菌的活动。

加氧化剂　水样中痕量汞易被还原，引起汞的挥发性损失，大量实验证明，实际水样加入 $HNO_3-K_2Cr_2O_7$，可使汞维持在高氧化态，汞的稳定性就大为改善。

加还原剂　测硫化物的水样，加入还原剂抗坏血酸保存。含余氯的水样，余氯可使 CN^- 氧化，可使酚类、烃类、苯系物氧化生成相应的衍生物，为此在采集水样时应加入适量 $Na_2S_2O_3$ 溶液予以还原，把余氯除去。

调节 pH 值　测定金属离子的水样常用 HNO_3 酸化至 pH = 1~2，既可以防止重金属的水解沉淀，又可以防止金属在器壁表面上的吸附，同时还能抑制生物的活动和防止微生物的絮凝、沉降。按此种方法保存，大多数金属可稳定数周或数月。加碱保存也能抑制和防止微生物的代谢过程。测氰化物或挥发酚的水样，需加 NaOH 调 pH 值至 12。测定 Cr^{6+} 的水样应加 NaOH 调整 pH 值至 8，因在酸性介质中，Cr^{6+} 的氧化电位高，易被还原。

以上是常用方法，但不是通用方法，例如测定氰化物水样应加碱至 pH = 11 保存，因为酸性条件下氰化物会产生 HCN 逸出。

3. 水样保存条件

（1）常用水样保存技术

水样的有效保存期限长短，主要依赖于待测物的浓度、化学组成和物理化学性质。一般说来，待测物浓度高保存时间长，否则保存时间短；清洁水样保存时间长，而复杂的生活污水和工业废水保存时间短；稳定性好的成分保存时间长，不稳定的成分保存时间就短，甚至不能保存，需取样后立即分析或现场测定。

由此可见，对水样的保存不可能给出绝对的准则。样品的保存时间、容器材质的选择以及保存措施的应用不仅取决于样品中的组分和浓度，还取决于样品的性质，而现实中的水样又是千差万别的。每个分析工作者应结合具体工作验证这些要求是否适用，在制定分析方法标准时应明确指出样品采集和保存的方法。

（2）水样保存注意事项

① 在采样前应根据样品的性质、组成和环境条件，确定和检验所选保存方法和保存剂的可靠性。

② 酸和其他化学保存剂本身含有微量杂质。再者，保存剂在现场使用一定时间后，也可能被污染。因此，在分析一批水样时，必须做空白实验，把同批的等量保存剂加入与水样同体积的蒸馏水中，充分摇匀制成空白样品，与水样一起送实验室分析。在对分析数据处理时应从水样测定值中扣除空白实验值。

③ 使用保存剂时必须考虑到，保存剂可能由于对分析方法有干扰而影响随后的分析。若有怀疑则应进行实验，以检查其相容性。由于加入保护剂而引起样品"稀释"的问题，在分析过程中以及结果计算时均应考虑进去。最好使加入的保护剂有足够的浓度，这样只需很少的体积，在大多数情况下就不必考虑相应的稀释问题。

④ 加入保护剂还会改变待测物的化学或物理性质与形态，故应考虑到这些变化对以后所进行的测定要有可比性，不致产生矛盾。例如：酸化会使胶体组分或固体溶解，因此，若需要测定的项目是溶解组分时，则使用酸化手段就需慎重；如果要分析项目是对水生动物的毒性进行测定，则必须避免将某些组分，特别是将重金属溶解，因为其离子态是有毒的。

二、水样的运输和管理

采集的水样，除供一部分监测项目在现场测定使用外，大部分水样要运到实验室进行分析测试。在水样运输和实验室管理过程中，为继续保证水样的完整性、代表性，使之不受污染、损坏和丢失，必须遵守各项保证措施。

1. 采样记录和样品登记

采样时填写好采样记录。采样完成加好保存剂后要填写样品标签。标签内容如下：

样品编号_____；

采样断面_____；

采样点_____；

添加保存剂种类和数量_____；

监测项目_____；

采样者_____；

登记者_____；

采样时间_____年____月____日

在样品瓶外壁贴上已填好的标签，与采样记录核对后，应立即填写样品登记表一式三份。样品登记表见表3-8。

表3-8　样品登记表

样品名称	编号	采样断面及采样点	采样时间	添加保存剂种类和数量	监测项目

送样人员_____（签名）　接收样品人员_____（签名）

2. 水样的运输

水样运输应该注意以下各点：

（1）根据采样记录和样品登记表清点样品，防止搞错。

（2）塑料容器要塞紧内塞，旋紧外盖。

（3）玻璃瓶要塞紧磨口塞，然后用细绳将瓶塞与瓶颈拴紧；或用封口胶、石腊封口。待测油类的水样不能用石蜡封口。

（4）需冷藏的样品，应配备专门的隔热容器，放入制冷剂，将样品瓶置于其中保存。

（5）冬季应采取保温措施，以免冻裂样品瓶。

（6）为防止样品在运输过程中因震荡、碰撞而导致损失或沾污，最好将样品装箱运送。同一采样点的样品尽量装在同一包装箱内，并采取相应保护措施防止运输过程中破损；如分装在几个箱子内，则各箱内均应有同样的采样记录表。运输前应检查现场采样记录，核实样品标签是否完整，所有水样是否全部装箱，并在箱外标上"切勿倒置"等明显标记。

（7）水样如通过铁路或公路部门托运，水样瓶上应附上能清晰识别样品来源及托运到达目的地的装运标签。

（8）样品运输必须配专人押运，防止样品损坏或沾污。样品移交实验室分析时，接收者与送样者双方应在样品登记表上签名，以示负责。采样单和采样记录应由双方各保存一份待查。

第四节　采样外业准备与安全措施

一、外业准备与现场测定

1. 外业准备

一般准备如下：

① 按采样方法准备专用的采样设备及所需器材。

② 贮样瓶编号并按贮样容器清洗方法清洗。

③ 配制现场测定参数所需化学试剂。

④ 校准与调整各种现场测定仪与温度计，使其处于有效工作状态。

⑤ 保证采样人员必要的救生器材和生活物质。

⑥ 采样前应对外业准备工作进行一次全面检查，必要时应在附近河流进行试采样检查。

2. 现场测定

（1）现场测定器材准备

① 现场测定参数所需要的缓冲溶液、标准溶液、蒸馏水、化学试剂及移液管等玻璃器皿。

② 现场过滤设备及滤膜。

③ 细菌采样设备及无菌广口瓶、保护纸等。

④ 测站位置图、现场采样记录表、采样瓶、标签、采样器、保存剂、绳索和工具箱等。

⑤ 采样救生设备及器材。

（2）现场测定参数

① pH 值、电导率、溶解氧、水温、透明度、氧化还原电位及浊度等水质参数，应在采

样点现场测定或就地测定。

② 水位、流速、流量、气温、气压等水文气象参数测量，应尽可能与水质现场测定参数同步进行。水文测量应按 GB 50179—2015《河流流量测验规范》进行。

③ 潮汐河流现场采样应同时测量潮位。

④ 水质和水文同步监测数据应记入采样记录表中。

（3）现场资料记载：

① 现场测定应详细记载河流（湖泊、水库）名称、采样断面、断面位置、采样日期和时间、采样人员、采样天气情况、现场测定参数及质量控制与测站描述等。

② 现场测定参数应按以下要求记载：

水温　记载水样的温度，以摄氏度计；

气温　记载采样时间的空气温度，以摄氏度计；

气压　记载采样时在某一采样点处的大气压强，以千帕计；

水位　记载河流或其他水体的自由水面相对于某一基面的高程，以米计；

流速　记载采样时在某一采样点处测量水体流经此点的流速，以米每秒计；

流量　记载采样时单位时间内通过采样断面的水流体积，以立方米每秒计；

pH　记载就地测定或现场测定水样的 pH 值；

电导率　记载就地测定或调节到 25℃状态下现场测定的电导率；

溶解氧　记载就地测定或现场测定溶解氧的浓度值；

浊度　记载从已校准仪器中获得的浊度值；

井深　记载自地面至井底的距离，以米计；

采样深度　记载从水面以下的某采样点采样的水深，以米计；

其他　记载其他有关的观测信息，例如，风向与风力的估计，降雨、降雪深度等。

③ 质量控制应记载现场平行样的份数、现场空白样和现场加标样处置情况等。

④ 除记载现场测定参数外，还应记载可能对水质有影响的一般现场观测信息。这些观测信息包括水的异常颜色、异常气味、水藻过量生长、水面油膜及死鱼等现象。

⑤ 所有现场测定与记载应完整、清楚、准确，并在离开采样点之前完成。

二、采样质量保证与安全措施

1. 采样质量保证

（1）采样质量保证

① 采样人员必须通过岗前培训，切实掌握采样技术，掌握现场测定仪器性能，熟知水样固定、保存、运输条件，并通过质量控制技术考核持证上岗。

② 采样仪器设备应按检定规程或校（检）验方法校准，并处于有效工作状态。其材质应符合有关规范和规程的规定。

③ 采样人员应按规定的采样方法进行采样。如果要改变采样方法，应记录在案，并且保证所选择的采样方法比规定的采样方法优越。

④ 采样断面应有明显的标志物，采样人员不得擅自改动采样位置。

⑤ 采样人员应做好现场采样记录，及时核对标签和检查保证措施的落实。

⑥ 特殊项目的采样质量保证应符合有关分析方法的规定。

（2）水样采集控制

①采样的时间和点位应符合设计要求和规范规定，保证采样点位置准确。

②采样时，检查容器编号与点位是否吻合，并先用该采样点的水荡洗采样器与水样容器2~3次，然后再将水样采入容器中，并按要求立即加入相应的保存剂，贴好标签。应使用正规的不干胶标签。

③用船只采样时，采样船应位于下游方向，逆流采样，避免搅动底部沉积物造成水样污染。采样人员应在船前部采样，尽量使采样器远离船体。

④在同一采样点上分层采样时，应自上而下进行，避免不同层次水体混扰。

⑤在样品采集与分装时，要严格防止操作现场环境可能对样品的沾污，尤其要防止采样船污染的影响。

⑥测油水样应在水面下20~50cm处单独采集，全部转移测定。采取油样和细菌样品时，不得用水样冲洗采集器和容器，亦不得采混合水样。

⑦测溶解氧的水样采集时应避免水样曝气，水样应避免与空气接触，水样采集后容器中不得存有气泡。

⑧除溶解氧和生化需氧量的水样应全部注满容器外，其他水样一般不要注满容器，水面距瓶塞应不小于2cm。

⑨每批样品应选择部分项目加采平行样、加标样和现场空白样，与采样同时注入容器，加入相应保存剂，随样品一起送实验室分析。

⑩采集时应考虑可能影响水质的全部因素，包括地理的、气候的、水文的以及人文和社会生产等方面以及这些因素可能的变化情况，并认真做好记录。

⑪采样结束前，应仔细检查采样记录和水样，若发现有漏采或不符合规定时，应立即补采或重采。

⑫每次分析结束后，除必要的留存样品外，样品瓶应及时清洗。水环境例行监测水样容器和污染源监测水样容器应分架存放，不得混用。各类采样容器应按测定项目与采样点位，分类编号，固定专用。

2. 采样安全措施

（1）一般安全措施

①河流涉水采样应有两人以上同时进行，并限制在卵石河床断面，采样前应用探深杆对水深进行探测，水深到大腿处时不许涉水采样。

②如果采样人员不能确定自己的淌河能力或水流较急时，应在河岸坚固的物体上系一根安全绳，并穿一套经安全检查的救生衣。

③在桥上采样时，应在人行道上作业，防止发生事故。如果因采样作业干扰交通，应提前与地方交通部门协商，并在桥上设置"正在作业"显示标志。

④在通航河流的桥上采样时，现场作业应特别小心，注意航行来往船只和航行安全。

⑤在船上采样必须有两人以上，船要有良好的稳定性。采样过程中船要悬挂信号旗，以示采样工作正在进行中，防止商船和捕捞人靠近。

⑥采样人员自行划船采样，必须经过专门训练，熟悉水性，并按水中安全规则与规定作业，测船严禁超载。

⑦在较小河流中用橡皮船采样时，应有安全绳系在河岸坚固的物体上，船上还须有人拉绳随时做好保护。

⑧ 需要破冰采样的地方，应预先小心地检查薄冰层的位置和范围，作好标识。行走和采样时应有专人做监视工作，防止采样人员掉进冰窟内。

⑨ 采样过程中应注意不要接触有毒植物，以防止意外事故的发生。严重污染的河流，可能有细菌、病毒及其他有害物质，应注意防护安全。

⑩ 为了保证采样人员作业人身安全，必须考虑气象条件。在大面积水体上采样时，应穿救生衣或戴救生圈。

⑪ 安装在河岸上的仪器和其他设备，为了防止洪水淹没或破坏行为，应采取适当的防护措施。

（2）化学处理安全措施

① 利用酸或碱来保存水样时，应戴手套、保护镜和实验服小心操作，避免烟雾吸入或直接与皮肤、眼睛及衣服接触。

② 酸碱保存剂在运输期间应妥善储存，防止溢出。溢出部分应立即用大量的水冲洗稀释或用化学物质中和。

第四章　基础实验

实验一　颗粒自由沉淀实验

一、实验目的

（1）加深对自由沉淀特点、基本概念及沉淀规律的理解。

（2）初步掌握颗粒自由沉淀的实验方法，并能对实验数据进行分析、整理、计算，并绘制时间–沉淀率（t-E），沉速–沉淀率（u-E）和 c_t/c_0-u 的关系曲线。

二、实验原理

沉淀是指从液体中借重力作用去除固体颗粒的一种过程。根据液体中固体物质的浓度和性质，可将沉淀过程分为自由沉淀、絮凝沉淀、成层沉淀和压缩沉淀等四类。本实验是研究探讨污水中非絮凝性固体颗粒自由沉淀的规律。实验用沉降管进行，如图4-2所示。设水深为 h，在 t 时间能沉到 h 深度的颗粒的沉速 $u = h/t$。根据某给定的时间 t_0，计算出颗粒的沉速 u_0。凡是沉淀速度 $u_t > u_0$ 的颗粒，在 t_0 时都可以全部去除；若沉淀速度 $u_t \leqslant u_0$ 的颗粒，将各按一定比例沉淀出一部分。若以 x_0 表示沉速 $u_t \leqslant u_0$ 的那一部分颗粒所占的比率，则 t_0 时的总去除率为

$$E = (1 - x_0) + \frac{1}{u_0} \int_0^{x_0} u_t \mathrm{d}x$$

上述右侧第二项中的 $u_t \mathrm{d}x$ 是一块微小面积。由图4-1可看出，为图4-1中阴影部分，可用图解法解出。

设原水中悬浮物浓度为 c_0，则沉淀率为

$$E = \frac{c_0 - c_t}{c_0} \times 100\%$$

在时间 t 时能沉到 h 深度的颗粒的沉淀速度为

$$u = \frac{h \times 10}{t \times 60}$$

式中　E——沉淀率；

　　　u——沉淀速度，mm/s；

　　　c_0——原水中悬浮物浓度，mg/L；

　　　c_t——经 t 时间后，污水中残存的悬浮物浓度，mg/L；

　　　h——取样口高度，cm；

　　　t——取样时间，min。

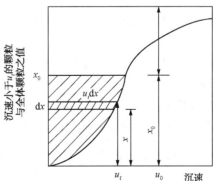

图4-1　颗粒的沉降曲线

三、实验装置、设备与试剂

（1）实验装置，如图 4-2 所示。

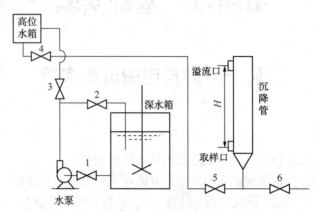

图 4-2 实验装置图

1~6—阀门

（2）测定悬浮物的设备：1/10000 光电分析天平，带盖称量瓶，干燥器，烘箱，玻璃漏斗过滤装置，锥形瓶，定量滤纸，量筒，玻璃烧杯，玻璃棒，秒表，丁字尺等。

（3）污水水样：采用粉煤灰配置。

四、实验步骤

（1）滤纸处理：首先调烘箱至（105±1）℃，叠好滤纸放入称量瓶中，打开盖子，将称量瓶放入 105℃ 烘箱中至恒重，称取质量，称重后备用。

（2）水样配制：将一定量的粉煤灰投入到配水箱中，开动搅拌机，充分搅拌。取水样 200mL（测定悬浮浓度为 c_0）并且确定取样管内取样口位置。

（3）计时：启动水泵将混合液打入沉淀管到一定高度，停泵，停止搅拌机，并且记录高度值。开动秒表，开始记录沉淀时间。

（4）取样：当时间为 1min、5min、10min、20min、40min、60min 时，在取样口分别取水 200mL，测定悬浮物浓度（c_t），并同时记录沉淀柱内液面距取样口高度。每次取样应先排出取样口中的积水，减少误差，在取样前和取样后皆需测量沉淀管中液面至取样口的高度，计算时取二者的平均值。

（5）过滤：每次取样后，立即量取一定量水样倒入过滤漏斗中过滤。量取过滤水样的量杯应用少量蒸馏水冲洗。

（6）烘干称量：测定每一沉淀时间的水样的悬浮物浓度固体量。将恒重好的滤纸取出放在玻璃漏斗中，过滤水样，并用蒸馏水冲净，使滤纸上得到全部悬浮性固体。最后将带有滤渣的滤纸移入称量瓶中，放入烘干箱中烘干 2h（温度 105℃），然后取出在干燥器中约 30min，称其悬浮物的质量。

五、实验数据及结果整理

（1）根据不同沉淀时间的取样口距液面平均深度 h 和沉淀时间 t，计算出各种颗粒的沉淀速度 u_t 和沉淀率 E，并绘制沉淀时间（t）-沉淀率（E）和沉速（u）-沉淀率（E）的关系曲线。

（2）利用上述资料，计算不同时间 t 时，沉淀管内未被去除的悬浮物的百分比，即：
$$E = (c_t/c_0) \times 100\%$$
以颗粒沉速 u 为横坐标，以 E 为纵坐标，绘制 u–E 关系曲线。

（3）利用图解法计算不同沉速时，悬浮物的总去除率。

（4）讨论颗粒自由沉淀曲线的意义。

六、实验结果讨论

试按 $E = [(c_0-c)/c_0] \times 100\%$，计算不同沉降时间的沉降效率，绘制 t–E，u–E 关系曲线，并和上述整理结果对照。

附 1：悬浮物浓度的测定

（1）纸和称量瓶（已编好号）在 100~105℃烘至恒温，得 ω_1。

（2）摇动水样后立即过滤。

（3）将过滤后的滤纸在 105℃烘干（两小时）放入干燥器内冷却并称重，经多次烘干后至恒重（两次的称重之差小于 0.4mg）得 ω_2。

（4）悬浮固体计算：
$$c = \frac{(\omega_2 - \omega_1) \times 1000 \times 1000}{V}$$

式中　c——悬浮固体浓度，mg/L；

　　　ω_1——称量瓶+滤纸质量，g；

　　　ω_2——称量瓶+滤纸质量+悬浮物，g；

　　　V——水样体积，100mL。

实验二　活性炭吸附与离子交换实验

一、实验目的

（1）加深对活性炭的吸附工艺性能，强酸性阳离子交换树脂交换容量的理解；

（2）掌握用间歇法确定反应时间对活性炭吸附效果影响的方法；

（3）掌握测定强酸性阳离子交换树脂交换容量的方法。

二、实验原理

1. 活性炭吸附

活性炭吸附就是利用活性炭的固体表面对水中一种或多种物质的吸附作用，以达到净化水质的目的。

当活性炭在溶液中的吸附速度和解吸速度相等时，即单位时间内活性炭吸附的数量等于解吸的数量时，被吸附物质在溶液中的浓度和在活性炭表面的浓度均不再变化，而达到了平衡，此时的动态平衡的称为活性炭吸附平衡。

活性炭的吸附能力以吸附量 q 表示：
$$q = \frac{V(c_0 - c)}{M} = \frac{X}{M} \tag{4-1}$$

式中 q——活性炭吸附量，即单位质量的吸附剂所吸附的物质质量，mg/mg；

$\quad\quad V$——污水体积，L；

$\quad\quad c_0$，c——吸附前原水及吸附平衡时污水中的物质浓度，mg/L；

$\quad\quad X$——被吸附物质量，mg；

$\quad\quad M$——活性炭投加量，mg。

在温度一定的条件下，活性炭的吸附量随被吸附物质平衡浓度的提高而提高，两者之间的变化曲线称为吸附等温线，通常用费兰德利希经验式加以表达：

$$q = K \cdot c^{\frac{1}{n}} \tag{4-2}$$

式中 q——活性炭吸附量，mg/mg；

$\quad\quad c$——被吸附物质平衡浓度，mg/L；

$\quad\quad K$，n——与溶液的温度、pH 值以及吸附剂和被吸附物质的性质有关的常数。

K、n 值求法如下。通过间歇式活性炭吸附实验测得 q、c 相应的值，将费兰德利经验式取对数后变换为下式：

$$\lg q = \lg K + \frac{1}{n}\lg c \tag{4-3}$$

将 q、c 相应值点绘在双对数坐标纸上，所得直线的斜率为 $1/n$，截距为 K。

2. 离子交换

强酸性阳离子树脂含有大量的强酸性基团，如磺酸基—SO_3H，容易在溶液中离解出 H^+，故呈强酸性。树脂离解后，本体所含的负电基团，如 SO_3^-，能吸附结合溶液中的其他阳离子。这两个反应使树脂中的 H^+ 与溶液中的阳离子互相交换。

交换容量是交换树脂最重要的性能，它定量地表示树脂交换能力的大小。强酸性阳离子交换树脂交换容量测定前需经过预处理，即经过酸碱轮流浸泡，以去除树脂表面的可溶性杂质。测定阳离子交换树脂容量常采用碱滴定法，用酚酞作指示剂，按下式计算交换容量：

$$E = \frac{MV}{W \times 固体含量(\%)}[\text{mmol/g}(干氢树脂)] \tag{4-4}$$

式中 M——NaOH 标准溶液的浓度，mmol/mL；

$\quad\quad V$——NaOH 标准溶液的用量，mL；

$\quad\quad W$——样品湿树脂质量，g。

三、实验设备及试剂

六联磁力搅拌器 1 台；紫外分光光度计 1 台；500mL 烧杯 1 个；250mL 三角烧瓶 2 个；移液管；pH 试纸、温度计若干；活性炭；万分之一克精度天平 1 台；干燥器 1 个；碱式滴定管 1 支；100mL 量筒 1 个；强酸性阳离子交换树脂；1mol/L HCl 溶液 1000mL；1mol/L NaOH 溶液 1000mL；0.5mol/L NaCl 溶液 1000mL；1%酚酞乙醇溶液。

四、实验步骤

1. 活性炭吸附

（1）称取 0.5g 亚甲基蓝定溶于 1000mL 容量瓶中，在 663nm 处测定该污水的吸光度 A；

（2）将活性炭放在蒸馏水中浸 24h，然后放在 105℃烘箱内烘至恒重，再将烘干后的活性炭研磨，使其成为能通过 200 目以下筛孔的粉末炭；

（3）在 500mL 的烧杯中投加 400mL 污水，然后投加 1000mg、1050mg、1100mg、1150mg、1200mg、1250mg、1300mg、1350mg、1400mg 粉状活性炭(根据分组确定具体投量)；

（4）将烧杯放在六联磁力搅拌器上搅拌，每隔 20min 取样一次(可用注射器抽吸)，共取 6 次；

（5）取样后，用定性滤纸过滤，在 663nm 处测量吸光度，用光程 10mm 比色皿，以蒸馏水做参比。

注意事项：水样吸光度若超出标准曲线范围内应适当稀释。

2. 离子交换

（1）强酸性阳离子交换树脂的预处理

取样品约 10g 以 1mol/L HCl 及 1mol/L NaOH 轮流浸泡，即按酸-碱-酸-碱-酸顺序浸泡 5 次，每次 2h，浸泡液体积约为树脂体积的 2~3 倍。在酸碱互换时应用 200mL 无离子水进行洗涤。5 次浸泡结束用无离子水洗涤至溶液呈中性。

（2）测强酸性阳离子交换树脂固体含量

称取双份 1.0000g 的样品，将其中一份放入 105~110℃烘箱中约 2h，烘干至恒重后放入氯化钙干燥器中冷却至室温，称量，记录干燥后的树脂质量：

$$固体含量 = 干燥后的树脂质量 \times 100\% / 样品质量 \qquad (4-5)$$

（3）强酸性阳离子交换树脂交换容量的测定

将一份 1.0000g 的样品置于 250mL 三角烧瓶中，投加 0.5mol/L NaCl 溶液 100mL 摇动 5min，放置 2h 后加入 1%酚酞指示剂 3 滴，用标准 0.1000mol/L NaOH 溶液进行滴定，至呈微红色 15s 不退色，即为终点。

五、实验数据及结果整理

1. 活性炭吸附

（1）亚甲基蓝标准曲线，数据如下：

$c/(mg/L)$	0	2	3	4	5	6
A						

以浓度为横坐标，吸光度 A 为纵坐标绘制标准曲线。

（2）实验记录，如表 4-1 所示。

表 4-1　活性炭吸附实验记录

序号	取样时间/min	A	稀释倍数	c
1	0			
2	20			
3	40			
4	60			
5	80			
6	100			
7	120			

将所测得吸光度 A 在标准曲线上查得烧杯中剩余亚甲基蓝含量并记入表 4-1。

（3）以时间为横坐标轴，吸附量为纵坐标轴绘制 $t-q$ 曲线，即反应时间对活性炭吸附效果的影响，从而得出活性炭对亚甲基蓝的吸附平衡时间以及平衡吸附量。

2. 离子交换

（1）根据式(4-3)计算树脂固体含量；

（2）根据式(4-4)计算树脂交换容量。

强酸性阳离子交换树脂交换容量测定记录见表 4-2。

表 4-2　强酸性阳离子交换树脂交换容量测定记录

湿树脂样品质量/ g	干燥后树脂质量/ g	树脂固体含量/ %	NaOH 标准溶液的物质的量浓度/ （mol/L）	NaOH 标准溶液的用量/mL	交换容量/ （mmol/g 干氢树脂）	备注

六、思考题

（1）本实验为何要用粉状炭？

（2）吸附实验中为何要选用亚甲基蓝做模拟染料废水？

（3）测定强酸性阳离子交换树脂的交换容量为何用强碱液 NaOH 测定？

实验三　酸性废水过滤中和实验

过滤中和处理酸性废水，是简单易行的中和处理工艺，掌握其测定技术，对选择工艺设计参数及运行管理，具有重要意义。

一、实验目的

（1）了解掌握酸性废水过滤中和原理及工艺。

（2）测定顺流式石灰石滤池在不同滤速时的中和效果。

二、实验原理

机械制造、电镀、化工、化纤等工业生产中排出大量酸性废水，若不加处理直接排入将会造成水体污染。目前常用的处理方法，有酸、碱污水混合中和，药剂中和，过滤中和。

由于过滤中和法具有设备简单、造价便宜、不需药剂配制与投加系统，耐冲击负荷，故目前生产中应用较多，其中广泛使用的是升流式膨胀过滤中和滤池，其原理发源于化学工业中应用较多的流化床。由于所用滤料直径很小（$d = 0.5 \sim 3mm$），因此单位容积滤料表面积很大，酸性废水完全中和反应所需时间大大缩短，故过滤速度可大幅度提高，从而使滤料呈悬浮状态，造成滤料相互碰撞摩擦，这更有利于中和处理后所生成的盐类溶解度小的一类酸性废水。如：

$$2HCl+CaCO_3 \!=\!\!=\!\!=\! CaCl_2+H_2O+CO_2 \uparrow$$

$$H_2SO_4+CaCO_3 \!=\!\!=\!\!=\! CaSO_4+H_2O+CO_2 \uparrow$$

由于该工艺反应时间短，并减小了硫酸钙结垢影响石灰石滤料活性问题，因而被广泛地用于酸性废水处理。

由于中和后出水中含有大量 CO_2，造成出水 pH 值偏低，为进一步提高废水处理后水中 pH 值，可采用吹脱法，分别为鼓风曝气式、瓷环填料式、筛板塔式等。

本实验采用中和原理，通过简易的实验装置测定中和滤池在不同滤速时的中和效果。

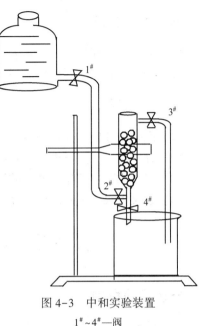

图 4-3　中和实验装置
1#~4#—阀

三、实验设备及装置

设备：自制色谱柱，石灰石，pH 计，下口瓶，烧杯（1000mL、100mL、10mL），量筒（10mL），秒表，洗瓶，止水夹，直尺，吸水纸。

装置如图 4-3 所示。

四、实验步骤

（1）用硫酸和盐酸配制一定浓度的酸性废水，要求 pH 值在 2.5~6.0 之间，装在 10L 的下口瓶中。

（2）往色谱柱内加入石灰石，高度约 15cm。

（3）按图 4-3 所示装好实验装置。

（4）将酸性废水搅拌均匀，测定原始 pH 值。

（5）关闭 4# 阀，打开 1#、2# 阀，让废水进入中和柱，当柱内的液面刚淹过石灰石顶层的表面时，调小进水流速。

（6）开 3# 阀，调 2# 阀，调整流速约 2mL/min。（流速是用秒表计量流出 10mL 废水所需时间来测定）。

（7）测定中和处理后的 pH 值，为第 1 组实验数据。再调节 2# 阀，按表 4-3，改变滤速，测定出水 pH 值。

（8）实验结束后，关闭 2# 阀，打开 4# 阀，放掉中和柱内存水。并用蒸馏水冲洗。

五、实验记录

中和实验记录见表 4-3。

表 4-3　中和实验记录

原水 pH 值＿＿					
实验组号	流速/(mL/min)	pH 值	实验组号	流速/(mL/min)	pH 值
一	2		四	8	
二	4		五	10	
三	6		六	12	

注意事项：

（1）配制酸性废水时，加硫酸过程中，应先将瓶内水加到计算位置，而后慢加入所需浓硫酸，并慢慢加以搅动，注意不要烧伤手、脚及衣服。

（2）用调整 2# 阀来调节流速时，注意不要让中和柱内的水溢流出来。

45

（1）以滤速为横坐标，出水 pH 值为纵坐标绘制 pH-滤速曲线。

（2）分析实验中所观察到的现象。

七、思考题

（1）说明酸性废水处理的意义、原理。

（2）分别讨论滤速对出水 pH 值的影响。

（3）直流式石灰石滤池处理酸性废水的缺点及存在问题是什么？

（4）如果废水中硫酸浓度较高，用石灰石滤床中和可能会产生什么现象？

实验四　碱液吸收气体中二氧化硫

一、实验目的

本实验采用填料吸收塔，用 NaOH 或 Na_2CO_3 溶液吸收 SO_2。通过实验可初步了解用填料塔吸收净化有害气体的研究方法，同时还有助于加深理解在填料塔内气液接触状况及吸收过程的基本原理。通过实验要达到以下目的。

（1）了解用吸收法净化废气中 SO_2 的效果；

（2）改变气流速度，观察填料塔内气液接触状况和液泛现象；

（3）测定填料吸收塔的吸收率及压降。

二、实验原理

含 SO_2 的气体可采用吸收法净化。由于 SO_2 在水中溶解度不高，常采用化学吸收方法。吸收 SO_2 吸收剂种类较多，本实验采用 NaOH 或 Na_2CO_3 溶液作吸收剂，吸收过程发生的主要化学反应为

$$2NaOH + SO_2 \longrightarrow NaSO_3 + H_2O$$
$$NaCO_3 + SO_2 \longrightarrow Na_2SO_3 + CO_2$$
$$Na_2SO_3 + SO_2 \longrightarrow 2NaHSO_3$$

实验过程中通过测定填料吸收塔进出口气体中 SO_2 的含量，即可近似计算出吸收塔的平均净化效率，进而了解吸收效果。气体中 SO_2 含量的测定采用碘量法。

三、实验设备及装置

1. 实验装置、流程、仪器设备和试剂

实验装置流程如图 4-4 所示，吸收液从水箱经水泵通过转子流量计，由填料塔上部经喷淋装置进入塔内，流经填料表面，由塔下部排到水箱。空气由空压机经缓冲罐后，并与 SO_2 气体混合，配制成一定浓度的混合气。通过转子流量计进入填料塔。SO_2 来自钢瓶，并经流量计计量后进入混合缓冲器。含 SO_2 的空气从塔底进气口进入填料塔后，与吸收液逆流接触，SO_2 被吸收，尾气由塔顶排出。

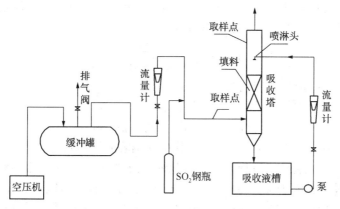

图 4-4　SO₂ 吸收实验装置

2. 实验仪器设备(表 4-4)

表 4-4　实验仪器设备表

名称	参数	数量
空压机	压力 7kgf/cm², 气量 3.6m³/h	1 台
液体 SO₂ 钢瓶		1 瓶
填料塔	$D=60mm$, $H=650mm$	6 台
填料	塑料	若干
泵	扬程 5m, 流量 800L/h	1 台
缓冲罐	溶积 1m³	1 个
水箱	500m×400m×600m	1 个
转子流量计(水)	10~100L/h, LZB-10	6 个
转子流量计(气)	4~40m³/h, LZB-40	6 个
毛细管压力计	0.1~0.3mm	1 个
压力表	0~3kg/m²	1 只
玻璃筛板吸收瓶	125mL	20 个
锥形瓶	250mL	20 个
大气采样器(采样用)		6 台

3. 试剂

(1) 吸收液: 称取 11.0g 氨基磺酸铵、7.0g 硫酸铵, 加入少量水, 搅拌使其溶解, 继续加水至 1000mL, 以 0.05mol/L 硫酸溶液或 0.10mol/L 氨水调节 pH 值至 5.4±0.3。

(2) 2g/L 淀粉指示剂: 称取 0.20g 可溶性淀粉, 用少量水调成糊状物, 慢慢倒入 100mL 沸水中, 继续煮沸直至完全溶解, 冷却后贮于细口瓶中。

(3) 3.0g/L 碘酸钾标准溶液: 称约 1.5g 碘酸钾(优级纯, 110℃ 烘干 2h), 准确至 0.0001g, 溶解于水, 移入 500mL 容量瓶中, 用水稀释至标线。

(4) 0.1mol/L 硫代硫酸钠溶液: 称取 25g 硫代硫酸钠, 溶解于 1000mL 新煮沸并已冷却的水中, 加 0.20g 无水碳酸钠, 贮于棕色细口瓶中, 放置一周后标定其浓度。

标定方法: 吸取碘酸钾标准溶液 25.00mL, 置于 250mL 碘量瓶中, 加 70mL 新煮沸并已冷却的水, 加 1.0g 碘化钾, 振荡至完全溶解, 再加 1.2mol/L 盐酸溶液 10.0mL, 立即盖好瓶塞，混匀。在暗处放置 5min，用硫代硫酸钠溶液滴定至淡黄色，加淀粉指示剂 5mL，继续滴定至蓝色刚好褪去，按下式计算硫代硫酸钠的浓度：

$$c(\mathrm{Na_2S_2O_3}) = \frac{W \times 1000}{35.67 \times V} \times \frac{25.00}{500.0} = \frac{50 \times W}{35.67 \times V}$$

式中　$c(\mathrm{Na_2S_2O_3})$——硫代硫酸钠浓度，mol/L；

$\qquad\qquad W$——称取的碘酸钾的质量，g；

$\qquad\qquad V$——滴定所用硫代硫酸钠溶液的体积，mL；

$\qquad\qquad$ 35.67——相当于 1L 1mol/L 硫代硫酸钠溶液的碘酸钾质量。

（5）0.1mol/L 碘贮备液：称取 40.0g 碘化钾、12.7g 碘，加少量水溶解后，用水定容至 1000mL，加 3 滴盐酸，贮于棕色瓶中，保存于暗处，用硫代硫酸钠溶液标定。

标定：吸取 0.10mol/L 碘贮备液 25.00mL，用 0.10mol/L 硫代硫酸钠标准溶液滴定，溶液由红棕色变为淡黄色后，加入 2g/L 淀粉溶液 5.0mL，继续用硫代硫酸钠标准溶液滴定至蓝色恰好消失为止。则其浓度（mol/L）如下：

$$c(\mathrm{I_2}) = \frac{c(\mathrm{Na_2S_2O_3}) \times V}{25.0}$$

（6）碘标准溶液：将碘贮备液稀释 10 倍，贮于棕色瓶中。

四、实验步骤

（1）在吸收剂槽中注入配置好的碱溶液。

（2）打开风机和水泵，调节 SO_2 加入量，调整气体和吸收液的流量。

（3）从进气口和出气口分别取样测量 SO_2 浓度，计算脱硫效率。

（4）逐渐打开吸收塔的进气阀。调节空气流量，使塔内出现液泛。仔细观察此时的气液接触状况，并记录下液泛时的气速（由空气流量计算）。

（5）逐渐减气体流量、消除液泛现象，调气体流量，稳定运行 5min 取三个平行样。

（6）取样完毕调整液体流量，稳定运行 5min 取三个平行样。

（7）改变液体流量为 20L/h 和 10L/h，重复上面实验。

（8）实验完毕，先关进气阀。待 2min 后停止供液。

五、分析方法及计算

1. 分析方法

原理：SO_2 被氨基磺酸铵和硫酸铵溶液吸收后，用碘标准溶液滴定，按滴定量计算 SO_2 浓度。

2. 计算

$$二氧化硫浓度（\mu g/m^3） = \frac{(V - V_0) \times c(\mathrm{I_2}) \times 32.0}{V_{nd}} \times 1000$$

式中　V，V_0——滴定样品溶液和空白溶液所消耗的碘标准溶液的体积，mL；

$\qquad\quad c(\mathrm{I_2})$——碘标准溶液的浓度，mol/L；

$\qquad\quad V_{nd}$——标准状态下采样体积，L。

六、实验结果及整理

（1）记录实验数据及分析结果。

48

填料塔的平均净化效率(η)可由下式近似求出

$$\eta = \left(1 - \frac{c_2}{c_1}\right) \times 100\%$$

式中　c_1——填料塔入口处 SO_2 浓度；

　　　c_2——填料塔出口处 SO_2 浓度，mg/Nm^3。

（2）绘出吸收液流量与脱硫效率的曲线 Q_L-η。

（3）绘出废气流量与脱硫效率的曲线 Q_g-η。

七、思考题

（1）从实验结果标绘出的曲线，你可以得出哪些结论？

（2）通过实验，你有什么体会？对实验有何改进意见？

实验五　化学混凝实验

一、实验目的

（1）了解混凝实验装置的构造，掌握设备仪器的使用方法。

（2）观察混凝现象及过程，了解混凝的净水机理及影响混凝的重要因素。

（3）掌握用实验方法确定某给定水样最有效的混凝剂品种、最佳投加量和相应的 pH 值。

二、实验原理

水中粒径小的悬浮物以及胶体物质，由于微粒的布朗运动，胶体颗粒间的静电斥力和胶体表面的水化膜作用，致使水中这种含浊状态稳定，即长期处于稳定分散状态，不能用自然沉淀法去除。向这种水中投加混凝剂后，可以使分散颗粒相互结合聚集增大，从水中分离出来。

向水中投加混凝剂后：（1）能降低颗粒间的排斥能峰，降低胶粒的 ζ 电位，实现胶粒"脱稳"；（2）同时也能发生高聚物式高分子混凝剂的吸附架桥作用；（3）由于网捕作用而达到颗粒的凝聚。由于各种原水有很大差别，混凝效果不尽相同。混凝剂的混凝效果不仅取决于混凝剂投加量，同时还取决于水的 pH 值、水流速度梯度等因素。

三、实验装置、设备与试剂

1. 实验装置

混凝实验装置主要是六联搅拌仪。搅拌仪带有温控和搅拌速度控制开关，电源采用稳压电源。

2. 实验设备及仪器仪表

六联调速搅拌机：1 台；

浊度仪：1 台；

pH 试纸：1 包；

烧杯：1000mL 2 只；

　　　　200mL 7 只；

量筒：200mL 1 个；

移液管：0.5mL、1mL、1.5mL、2mL、2.5mL、5mL、10mL 各 1 支；

取样管、吸耳球：各 1 个；

注射针筒：1 个。

3. 试剂

10g/L 三氯化铁溶液 500mL；10% 的 NaOH 溶液；10% HCl 溶液 500mL；实验用原水（黏土悬液，自己配制）。

四、实验步骤

在混凝实验中所用的实验药剂可参考下列浓度进行配制：

（1）三氯化铁 $FeCl_3 \cdot 6H_2O$ 溶液浓度 10g/L；

（2）化学纯盐酸 HCl 溶液浓度 10%；

（3）化学纯氢氧化钠 NaOH 溶液浓度 10%。

1. 最佳投药量实验步骤

（1）确定原水特征，即测定原水水样浊度、pH 值。

（2）确定形成矾花所用的最小混凝剂量。方法是通过慢速搅拌（或 50r/min）烧杯中 200mL 原水，并每次增加 0.5mL 混凝剂投加量，直至出现矾花为止。这时的混凝剂量作为形成矾花的最小投加量。

（3）用 6 个 200mL 的烧杯，分别放入 200mL 原水，置于实验搅拌机平台上。

（4）确定实验时的混凝剂投加量。根据步骤 2 得出的形成矾花最小混凝剂投加量，取其 1/4 作为 1 号烧杯的混凝剂投加量，取其 2 倍作为 6 号烧杯的混凝剂投加量，用依次增加混凝剂投加量相等的方法求出 2~5 号烧杯混凝剂投加量、把混凝剂分别加入 1~6 号烧杯中。

（5）启动搅拌机，快速搅拌（或 200r/min）0.5min；中速搅拌（或 150r/min）6min；慢速搅拌（或 50r/min）6min。

如果用污水进行混凝实验，污水胶体颗粒比较脆弱，搅拌速度可适当放慢。

（6）关闭搅拌机、静止沉淀 5min，用 50mL 注射针筒抽出烧杯中的上清液（做三次平行样），立即用浊度仪测定浊度，记入表 4-5 中。

2. 最佳 pH 值实验步骤

（1）取 6 个 200mL 烧杯分别放入 200mL 原水，置于实验搅拌机平台上。

（2）确定原水特征，测定原水浊度、pH 值。本实验所用原水和最佳投药量实验时相同。

（3）调整原水 pH 值，用移液管依次向 1 号、2 号、3 号装有水样的烧杯中分别加入 10% 浓度的盐酸。依次向 5 号、6 号装有水样的烧杯中分别加入 10% 浓度的氢氧化钠，使其 pH 值分别为 2、4、6、8、10。4 号装有水样的烧杯保持原水中性。

（4）启动搅拌机，快速搅拌 0.5min。随后从各烧杯中分别取出 50mL 水样放入三角烧杯，用 pH 试纸测定各水样 pH 值记入表 4-6 中。

（5）用移液管向各烧杯中加入相同剂量的混凝剂（投加剂量按照最佳投药量实验中得出

的最佳投药量而确定)。

(6) 启动搅拌机,快速搅拌 0.5min;中速搅拌 6min;慢速搅拌 6min。

(7) 关闭搅拌机,静置 5min,用 50mL 注射针筒抽出烧杯中的上清液,立即用浊度仪测定浊度(每个水样测定三个平行样),记入表 4-6 中。

注意事项:

(1) 在最佳投药量、最佳 pH 值实验中,向各烧杯投加药剂时,应同时投加,避免因时间间隔较长,各水样加药后反应时间长短相差太大而混凝效果悬殊。

(2) 在最佳 pH 实验中,用来测定 pH 的水样,仍倒入原烧杯中。

(3) 在测定水的浊度、用注射针筒抽吸上清液时,不要扰动底部沉淀物。同时,各烧杯抽吸的时间间隔尽量减小。

五、实验数据及结果整理

1. 最佳投药量实验结果整理

(1) 把原水特征、混凝剂投加情况、沉淀后的剩余浊度记入表 4-5。

(2) 以去除率为纵坐标,混凝剂投加量为横坐标。绘出去除率与药剂投加量关系曲线,并从图上求出最佳混凝剂投加量。

2. 最佳 pH 值实验结果整理

(1) 把原水特征、混凝剂加注量,酸碱加注情况,沉淀水浊度记入表 4-6 中。

(2) 以去除率为纵坐标,水样 pH 值为横坐标绘出去除率与 pH 值关系曲线,从图上求出最佳混凝所需 pH 值及其范围。

六、实验结果讨论

(1) 根据最佳投药量实验曲线,分析剩余浊度与混凝剂投加量的关系。

(2) 本实验与水处理实际情况有哪些差别?如何改进?

实验结果记录格式如下:

实验小组号:	实验日期:
姓名:	
混凝剂:	混凝剂浓度:
原水浊度:	原水 pH 值:
最小混凝剂量(mL):	相当于(mg/L):

表 4-5　最佳混凝剂投加量

水样编号	1	2	3	4	5	6
投药量/(mg/L)						
初矾花时间						
矾花沉淀情况(文字描述)						
剩余浊度						
去除率/%						

表 4-6　最佳 pH 值

水样编号	1	2	3	4	5	6
盐酸/mL						
烧碱/mL						
水样 pH 值						
剩余浊度						
去除率/%						

$$去除率 = \frac{原水浊度 - 剩余浊度}{原水浊度} \times 100\%$$

第五章 专业实验

实验一 活性污泥性质的测定

一、实验目的

（1）了解评价活性污泥性能的四项指标及其相互关系，加深对活性污泥性能，特别是污泥活性的理解。

（2）观察活性污泥性状及生物相组成。

（3）掌握污泥性质 $MLSS$、$MLVSS$、SV、SVI 的测定方法。

二、实验原理

活性污泥是人工培养的生物絮凝体，它是由好氧微生物及其吸附的有机物组成的。活性污泥具有吸附和分解废水中的有机物（有些也可利用无机物质）的能力，显示出生物化学活性。活性污泥组成可分为四部分：有活性的微生物（Ma）、微生物自身氧化残留物（Me）、吸附在活性污泥上不能被微生物所降解的有机物（Mi）和无机悬浮固体（Mii）。

活性污泥的评价指标一般有生物相、混合液悬浮固体浓度（$MLSS$）、混合液挥发性悬浮固体浓度（$MLVSS$）、污泥沉降比（SV）、污泥体积指数（SVI）等。

在生物处理废水的设备运转管理中，可观察活性污泥的颜色和性状，并在显微镜下观察生物相的组成。

混合液悬浮固体浓度（$MLSS$）是指曝气池单位体积混合液中活性污泥悬浮固体的质量，又称为污泥浓度。它由活性污泥中 Ma、Me、Mi 和 Mii 四项组成。单位为 mg/L 或 g/L。

混合液挥发性悬浮固体浓度（$MLVSS$）指曝气池单位体积混合液悬浮固体中挥发性物质的质量。表示有机物含量，即由 $MLSS$ 中的前三项组成，单位为 mg/L 或 g/L。一般生活污水处理厂曝气池混合液 $MLVSS$ 与 $MLSS$ 在 0.7~0.8 之间。

性能良好的活性污泥，除了具有去除有机物的能力外，还应有好的絮凝沉降性能。活性污泥的絮凝沉降性能可用污泥沉降比（SV）和污泥体积指数（SVI）来评价。

污泥沉降比（SV）是指曝气池混合液在 100mL 量筒中静止沉淀 30min 后，污泥体积与混合液体积之比，用百分数（%）表示。活性污泥混合液经 30min 沉淀后，沉淀污泥可接近最大密度，因此可用 30min 作为测定污泥沉降性能的依据。一般生活污水和城市污水的 SV 为 15%~30%。

污泥体积指数（SVI）是指曝气池混合液沉淀 30min 后，每单位质量干泥形成的湿污泥的体积，单位为 mL/g，但习惯上把单位略去。SVI 的计算式为：

$$SVI = \frac{SV(\text{mL/L})}{MLSS(\text{g/L})} = \frac{SV(\%) \times 10(\text{mL/L})}{MLSS(\text{g/L})}$$

在一定污泥量下，SVI 反映了活性污泥的絮凝沉降性能。如 SVI 较高，表示 SV 较大，污泥沉降性能较差；如 SVI 较小，污泥颗粒密实，污泥老化，沉降性能好。但如果 SVI 过低，则污泥矿化程度高，活性及吸附性都较差。一般来说，当 SVI 为 100~150 时，污泥沉降性能良好；当 $SVI>200$ 时，污泥沉降性能较差，污泥易膨胀；当 $SVI<50$ 时，污泥絮体细小紧密，含无机物较多，污泥活性差。

三、实验设备与试剂

曝气池：1 套；

真空过滤装置：1 套；

显微镜：1 台；

分析天平：1 台；

烘箱：1 台；

马弗炉：1 台；

载玻片和盖玻片，香柏油；

100mL 量筒：1 只；

定量滤纸：数张；

布氏漏斗：1 个；

称量瓶：1 只；

干燥器：1 只；

坩埚：1 只；

电炉：1 台；

500mL 烧杯：2 个；

玻璃棒：2 根。

四、实验步骤

1. 活性污泥性状及生物相观察

用肉眼观察活性污泥的颜色和性状。取一滴曝气池混合液于载玻片上，盖上盖玻片，并在显微镜下观察活性污泥的颜色、菌胶团及生物相的组成。

2. 污泥沉降比 SV(%)测定

它是指曝气池中取混合均匀的泥水混合液 100mL 置于 100mL 量筒中，静置 30min 后，观察沉降的污泥占整个混合液的比例，记下结果。实验操作步骤如下：

（1）将干净的 100mL 量筒用蒸馏水冲洗后，甩干。

（2）取 100mL 混合液置于 100mL 量筒中，并从此时开始计算沉淀时间。

（3）观察活性污泥凝絮和沉淀的过程与特点，且在第 1min、3min、5min、10min、15min、20min、30min 分别记录污泥界面以下的污泥体积。

（4）第 30min 的污泥体积(mL)即为污泥沉降比 SV(%)。

3. 污泥浓度 $MLSS$

它是单位体积的曝气池混合液中所含污泥的干重，实际上是指混合液悬浮固体的数量，单位为 mg/L 或 g/L。实验操作步骤如下：

（1）将滤纸和称量瓶放在 103~105℃烘箱中干燥至恒重，称量并记录 W_1。

（2）将该滤纸剪好平铺在布氏漏斗上(剪掉的部分滤纸不要丢掉)。

（3）将测定过沉降比的100mL量筒内的污泥全部倒入漏斗，过滤（用水冲净量筒，水也倒入漏斗）。

（4）将载有污泥的滤纸移入称量瓶重，放入烘箱（103~105℃）中烘干恒重，称量并记录 W_2。

（5）污泥干重 $= W_2 - W_1$。

（6）污泥浓度计算：

污泥浓度（g/L）= [（滤纸质量+污泥干重）-滤纸质量] ×10

4. 污泥体积指数 SVI

污泥体积指数是指曝气池混合液经30min静沉后，1g干污泥所占的容积（单位为mL/g）。计算式如下：

$$SVI = \frac{SV(\%) \times 10(mL/L)}{MLSS(g/L)}$$

SVI 值能较好地反映出活性污泥的松散程度（活性）和凝聚、沉淀性能。一般在100左右为宜。

5. 污泥灰分和挥发性污泥浓度 MLVSS

挥发性污泥就是挥发性悬浮固体，它包括微生物和有机物，干污泥经灼烧后（600℃）剩下的灰分称为污泥灰分。实验操作步骤如下：

（1）测定方法：先将已经恒重的磁坩埚称量并记录（W_3），再将测定过污泥干重的滤纸和干污泥一并放入磁坩埚中，先在普通电炉上加热碳化，然后放入马弗炉内（600℃）灼烧40min，取出置于干燥器内冷却，称量（W_4）。

（2）计算，如下：

$$污泥灰分 = \frac{灰分质量}{干污泥质量} \times 100\%$$

$$MLVSS = \frac{干污泥质量-灰分质量}{100} \times 1000(g/L)$$

五、实验数据记录与处理

（1）实验数据记录

参考表5-1记录实验数据。

表5-1　原始实验记录表

静沉时间/min	1	3	5	10	15	20	30
污泥体积/mL							
W_1/g							
W_2/g							
W_3/g							
W_4/g							

（2）污泥沉降比 SV（%）计算

$$SV = \frac{V_{30}}{V} \times 100\%$$

（3）混合液悬浮固体浓度 MLSS 计算

$$MLSS = \frac{W_2 - W_1}{V}(\text{mg/L})$$

式中　W_1——滤纸的净重，mg；

W_2——滤纸及截留悬浮物固体的质量之和，mg；

V——水样体积，L。

（4）混合液挥发性污泥浓度 MLVSS 计算

$$MLVSS = \frac{(W_2 - W_1) - (W_4 - W_3)}{V}(\text{mg/L})$$

式中　W_3——坩埚质量，mg；

W_4——坩埚与无机物总质量，mg。

其余同上式。

（5）污泥体积指数 SVI 计算

$$SVI = \frac{SV(\text{mL/L})}{MLSS(\text{g/L})} = \frac{SV(\%) \times 10(\text{mL/L})}{MLSS(\text{g/L})}$$

（6）绘出 100mL 量筒中污泥体积随沉淀时间的变化曲线

六、注意事项

（1）测定坩埚质量时，应将坩埚放在马弗炉中灼烧至恒重为止。

（2）由于实验项目多，实验前准备工作要充分，不要弄乱。

（3）仪器设备应按说明调整好，使误差减小。

（4）污泥过滤时不可将污泥溢出纸边。

七、思考题

（1）测定污泥沉降比时，为什么要静止沉淀 30min？

（2）污泥体积指数 SVI 的倒数表示什么？为什么？

（3）对于城市污水来说，SVI 大于 200 或小于 50 各说明什么问题？

（4）通过所得到的污泥沉降比和污泥体积指数，评价该活性污泥法处理系统中活性污泥的沉降性能，是否有污泥膨胀的倾向或已经发生膨胀？

实验二　含油废水膜分离实验

一、实验目的

（1）了解含油废水的性质、膜处理的特点以及实验装置的结构，掌握其操作规程；

（2）加深对无机膜分离机理和优缺点的理解，熟悉其应用领域；

（3）能进行油水分离效率的测定和评价。

二、实验原理

无机陶瓷膜作为一种新型的膜材料，与传统的高聚物膜相比，具有耐高温、化学稳定、耐酸碱腐蚀、机械强度高、结构稳定和易再生等优点，被广泛应用于食品和生物制品的过滤、提纯及电解液的过滤、气体除尘等各个领域。特别是在20世纪80年代后期，陶瓷膜在水处理领域的研究取得了突破性进展，其日益显示出独特技术优势和广阔的前景，正成为国内外竞相研究开发的热点之一。

陶瓷分离膜是以多孔陶瓷为载体（支持体）、以微孔陶瓷膜为过滤层的陶瓷质过滤分离材料（其常规膜组件见图5-1），具有以下几大优点：耐高温性能好，无机陶瓷膜使用温度可达400℃有的甚至可达到800℃，使用压力可达千帕数量级，适用于高温高压体系；耐腐蚀性好，无机陶瓷膜在酸性和碱性条件下稳定性好，pH值适用范围较宽，因此在涉及高温和腐蚀性过程的工艺中有着非常广泛的应用前景；机械强度大，无机陶瓷膜一般是经过高温烧结的微孔材料为基体浸涂膜后再经烧结制成的，所以机械强度大，不易脱落和破裂；清洁状态好不易堵塞，无机陶瓷膜一般无毒，不污染环境，是较为理想的净化工具，并且现在的无机陶瓷膜设备都配有反冲装置，可以使其连续作业而不堵塞；抗微生物侵蚀，无机陶瓷膜与一般微生物不发生生物及化学反应，此优点很适用于食品、生化、制药工业；使用寿命长，这样减少了用户的维修与更换，从而节约了使用者的时间与费用。

图5-1　陶瓷膜组件示意图

三、实验设备及仪器

本实验设备为0.1m² 小试设备，示意图见图5-2。其陶瓷膜组件性能指标如下：膜面流速2~5m/s；支撑体结构：19通道多孔氧化；铝陶瓷芯，氧化铝含量大于99%；外形尺寸：组件外径ϕ45mm；膜管外径ϕ30mm，通道内径ϕ4mm，管长500mm；膜材质：氧化锆、氧化铝；膜孔径：0.1μm、0.2μm、0.05μm；爆破压力：60MPa；最大工作压力：小于1MPa；pH值适用范围：0~14；膜管烧结温度：大于1000℃；抗氧化剂性能：优；抗溶剂性能：优。

四、实验耗材

合成或实际含油废水；蒸馏水；滤纸等。

五、实验操作步骤

1. 系统准备

（1）电源准备：电源为380V，50Hz，三相四线制（注：必须为三相四线制，其中三相火线一相零线，否则泵无法启动）；

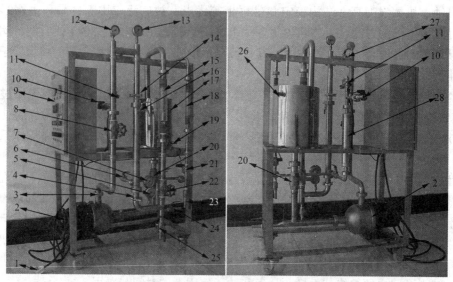

图 5-2 陶瓷膜实验设备正背面示意图

1—电源插头；2—泵；3—活接；4、14—卡箍；5—膜出口压力表；6—反冲管手动球阀 V06；7—渗透侧压力表；8—膜进口截止阀 V03；9—控制柜；10—排气电磁阀 XV03；11—反冲电磁阀 XV02；12—温度表；13—组件进口压力表；15—循环侧流量计；16—渗透侧排气球阀 V04；17—原料罐；18—渗透侧流量计；19—冷却（加热）水进口；20—泵进口球阀 V01；21—工作电磁阀 XV01；22—膜出口截止阀 V09；23—渗透侧排污球阀 V07；24—原料罐排污球阀 V02；25—循环侧排污球阀 V08；26—冷却（加热）水出口；27—循环侧排气球阀 V05；28—反冲罐

（2）安装空气压缩机，并与膜设备连接；气管连接要求用手用力插到位；断开时用一只手压下接口处的塑料环，一只手拔下气管；

（3）打开控制柜柜门，合上小型断路器，给控制柜送电，再合上其他空气开关，关闭控制柜柜门；

（4）检查阀门，保证以下阀门在关闭状态：V02、V04、V05、V07、V08、XV02、XV03；保证以下阀门在开启状态：V01、V06、V09、XV01。

2. 操作指南

（1）V03 半开（把截止阀全关，然后再全开，观察阀杆位置，把阀门开到阀杆中间位置，即为半开）。

（2）启动空压机，接通压缩空气，给设备通气，气压控制在 0.3~0.7MPa。

（3）开机。

手动运行：向原液罐中加入料液；恢复阀门至待机状态；将控制面板上"手动/停止/自动"开关打到手动位置（注：控制面板上反冲阀、排气阀处于关闭位置，工作阀处于打开位置）；开启循环泵，开始物料浓缩；打开 V05 排净渗透侧空气；调节阀 V03、V09 至所需流量和操作压力；根据物料性质和实验要求进行反冲操作，操作方法见反冲运行过程中手动反冲过程；设备运行一段时间后，当原料罐原料浓缩达到要求时，关闭循环泵；根据要求，运行一段时间记录下膜进口压力、膜出口压力、浓缩液流量、渗透液流量、温度，取渗透样、浓缩样；运行结束后打开阀 V02、V04、V05、V07、V08，排空设备中的料液；恢复阀门至待机状态，准备清洗。

自动运行：原液罐中加入料液；恢复阀门至待机状态；将控制面板上"手动/停止/自

58

动"开关打到自动位置；启动循环泵，开始物料浓缩。自动运行过程时反冲过程也是自动的（见反冲运行过程）。

反冲运行：接通压缩空气。自动反冲：通过反冲时间继电器设定反冲时间，排气时间继电器设定排气时间，控制柜面板上反冲周期时间继电器设定反冲周期，将"自动/停止/手动"开关打向自动，即可实现自动反冲。手动反冲：将"自动/手动"开关打向手动，即可单独操作电磁阀。首先关闭工作电磁阀 XV01，然后打开排气电磁阀 XV03 排气，当排气阀出口有液体排出时，关闭排气阀，打开反冲电磁阀 XV02 进行反冲。反冲时间、排气时间、反冲周期根据实验过程具体分析设定。

六、实验数据记录与处理

1. 数据记录表（表 5-2）

表 5-2　陶瓷膜设备运行记录表

时间/min	pH 值	料液温度/℃	膜进口压力/bar[①]	膜出口压力/bar[①]	浓缩液流量/（L/h）	渗透液流量/（L/h）	备　注
5							
10							
20							
30							
40							
60							
90							
120							
180							
240							

① $1bar = 10^5 Pa$。

需记录的操作参数和性能数据包括：流量（包括进料液、渗透液和浓液）；压力（包括进水、渗透液、出口压）；进水温度；操作延续时间；清洗或非正常事件，如停车、预处理有问题时。备注内要记录设定的反冲时间，排气时间和反冲周期。

2. 数据处理与分析

根据实验数据分别画料液温度、进口压力、出口压力、浓缩液流量以及透过液流量随时间变化曲线，并进行分析，总结一般规律性。

七、思考题

（1）试谈谈无机陶瓷膜的特点。

（2）请分别画出本陶瓷膜实验装置的运行工艺流程图和反冲洗工艺流程图并进行简单的文字说明。

实验三　氯化铁的加药量对污泥脱水的影响实验

一、实验目的

（1）了解污泥脱水的意义；

（2）掌握污泥脱水的性能指标之一——比阻的测定方法；

（3）掌握实验中有关数据的处理方法；

（4）了解氯化铁的加量对污泥脱水的影响。

在污水处理中产生的污泥经稳定处理后，经浓缩处理含水量虽然下降，但是还未能成块，运输不便，后续处置也不便，需要继续减小含水率使之含水率在70%~80%左右，这进一步减少含水率的方法就是污泥脱水，污泥脱水性能是污泥脱水工艺流程和脱水机械型号的依据，也可作为确定药剂种类、用量及运行条件的依据。

二、实验原理

污泥脱水的方法是机械脱水。它是以过滤介质两面的压力差作为动力，达到泥水分离、污泥浓缩的目的。

影响污泥脱水的因素有：

- 污泥的浓度和性质；
- 污泥的预处理方法；
- 压力差大小；
- 过滤介质。

经理论推导和实验得出基本方程：

$$\frac{t}{V} = \frac{\mu r \omega}{2pA^2} \cdot V + \frac{\mu R_f}{pA} \qquad (5-1)$$

式中　t——过滤时间，s；

　　　V——过滤体积，m^3；

　　　p——过滤压力，kg/m^2；

　　　A——过滤面积，m^2；

　　　μ——滤液的动力黏度，$kg \cdot s/m^2$；

　　　ω——滤过单位体积的滤液在过滤介质上截留的固体质量，kg/m^3；

　　　r——比阻，s^2/g 或 m/kg；

　　　R_f——过滤介质阻抗，$1/m$。

该公式给出了在一定的条件下过滤滤液的体积 V 与时间 t 的函数关系，指出了过滤面积 A，压力 p，污泥性能 μ、r 值等对过滤的影响。

污泥比阻 r 是表示污泥过滤特性的综合指标。其物理意义是：单位质量的污泥在一定压力下过滤时，在单位过滤面积上的阻力。若从方程(5-1)，用 t/V 对 V 作图，得直线，其斜率为 b。污泥比阻 r 有：

$$r = \frac{2pA^2}{\mu} \cdot \frac{b}{\omega} (m/kg) \qquad (5-2)$$

60

由上式可知比阻是反映污泥脱水性能的重要指标，但是参数 b、ω 均要通过实验测定。斜率 b 为：

$$b = \frac{\mu r \omega}{2pA^2} \tag{5-3}$$

通过实验得到不同时间下的滤液体积 V_i 和 $(t/V)_i$：

t_1	t_2	t_3	t_4	t_5	t_i
V_1	V_2	V_3	V_4	V_5	V_i
$(t/V)_1$	$(t/V)_2$	$(t/V)_3$	$(t/V)_4$	$(t/V)_5$	$(t/V)_i$

作图可得直线斜率和截距。

根据定义，按下式可求 ω：

$$\omega = \frac{(Q_0 - Q_y) \cdot c_g}{Q_y} = \frac{Q_0 c_0}{Q_y} = (\text{滤饼重})/Q_y \tag{5-4}$$

式中　Q_0——污泥量，mL；

　　　Q_y——滤液量，mL；

　　　c_g——滤饼中的固体浓度，g/mL。

由式(5-2)可求得 r 值，一般认为比阻为 $10^9 \sim 10^8 \mathrm{s}^2/\mathrm{g}$ 的污泥为难过滤，在 $(0.5 \sim 0.9) \times 10^9 \mathrm{s}^2/\mathrm{g}$ 的污泥为中等，比阻小于 $0.4 \times 10^9 \mathrm{s}^2/\mathrm{g}$ 的污泥则易于过滤。

在污泥脱水中，为了改善污泥的脱水性能往往要加入污泥脱水的化学调理剂，影响化学调节的因素有污泥的性质，调节剂的种类、浓度、加量，调节时间。通过污泥脱水实验可筛选调节剂的种类、加药的工艺条件。

三、设备和用具

(1) 水分快速测定仪；

(2) 污泥比阻测定装置；

(3) 烘箱；

(4) 秒表、滤纸；

(5) 电子天平；

(6) pH 计。

四、实验方法和步骤

(1) 准备污泥(稳定处理后的污泥)。

(2) 按表5-3所给出的因素表安排污泥比阻实验。

(3) 污泥比阻测定，步骤如下：

① 测污泥的含水率，求污泥的浓度；

② 在布氏漏斗中放置干燥恒重并称重的滤纸，用水润湿。稍开动真空泵，使量筒中成为负压，把纸贴紧；

③ 把100mL未调节和调节好的污泥样小心倒入漏斗中，再次开启真空泵，使污泥在80%的真空度下过滤脱水；

④ 记录不同过滤时间下(最少6个不同时间)的滤液体积 V 值；

⑤ 记录当滤饼出现裂缝或真空度破坏或滤液达到85mL时，所需要的时间 t。此值也可粗略说明污泥的脱水性能好坏。

表5-3 测定氯化铁的加药量影响消化污泥比阻的因素表

混凝剂	加药百分比/%	加药体积/mL	调节时间/min	pH 值	污泥比阻 r
氯化铁	0	5	40	6	
	5				
	10				
	15				
	20				
	25				

（4）测定泥饼浓度；

（5）记录数据如表5-4所示。

表5-4 污泥比阻实验数据记录

时间 t	管内滤液体积 V/mL	滤液体积量（$V=V_后-V_前$）	$t/V/$（s/mL）

五、实验数据整理

（1）整理出不同时间下的 t/V（s/mL）。

（2）以 V（mL）为横坐标，以 t/V（s/mL）为纵坐标，用 EXCEL 或 ORIGIN 绘图软件绘图，求出 b。

（3）根据式(5-4)求出 ω。

（4）根据式(5-2)求出各种条件下的的污泥比阻。

（5）以污泥比阻为纵坐标，氯化铁百分比（%）为横坐标作图，得出二者的关系。

六、讨论

实验用污泥的脱水性能的难易，加入化学调节剂对消化后的污泥脱水性能是否有明显的改善。

实验四　改性珍珠岩处理印染废水实验

印染废水是一种难降解的工业废水，具有色度高、毒性强及组成多样等特点。因其水量大，并且我国印染纺织业发达，所以印染废水的处理在我国工业废水处理中占有重要地位。若将未达标的印染废水排放到周围水体，会造成对水体的污染，更甚于威胁生物体健康。目前，染料一般都由人工合成，其组成十分复杂，有抗生物、抗氧化、抗光解降解的特点。由于染料分子和其中间体之间含有极性基团，根据相似相溶，染料及其中间体更易溶于水，最终使印染废水中除了含有产品，也含有原料及染料中间体，因此印染废水较难治理。开发一种高效率、环境友好、便宜方便的脱色方案是印染行业关注的焦点。

一、实验目的

（1）了解我国印染废水的现状和目前处理的方法。
（2）了解珍珠岩的基本性质，掌握珍珠岩吸附印染废水的原理。
（3）掌握珍珠岩的改性方法，并学会分析改性前后珍珠岩性质的不同。

二、实验原理

珠岩的组成主要包括：12%~18%的 Al_2O_3 和 69%~72%的 SiO_2，其分子呈四面体结构。珍珠岩来源于火山喷发的熔岩，经冷却所形成的岩石，因其具有珍珠般的孔隙结构所以将其命名为珍珠岩。珍珠岩经过冷凝后所形成圆弧形的裂纹，我们称之为珍珠岩结构。珍珠岩为中性的机砂状物质，一般呈现浅灰、暗绿和黄白等颜色并且有玻璃质光泽，具有 2%~6%的含水量。珍珠岩的价格低廉、化学稳定性好、无毒无味并且质轻。在瞬时高温的条件下，珍珠岩矿可产生膨胀性能，经研究发现，随着珍珠岩的含水量和玻璃质纯净度的增高，珍珠岩膨胀的倍数也随之增大。珍珠岩矿的大致组成为：95%的玻璃相，石英约为 65%~75%，8%~9%的碱金属氧化物。因岩浆骤冷所具有的黏度，致使水蒸气不能逸散并且存在于玻璃质中，在 700~1200℃的下，玻璃质中的结合水汽化会产生巨大的压力，这个压力会导致珍珠岩迅速膨胀至自身体积的 15 倍。经过膨胀后的珍珠岩成为白色或灰白色颗粒，因其廉价易得，性能良好，所以它的用途十分广泛。膨胀性珍珠岩吸声性能很好，亦可用作吸声材料；在农业方面，可将珍珠岩用于增强保水能力、改良土壤；除此之外它还可以用于过滤、制药；膨胀珍珠岩具有低导热系数、小容重、高耐火度、抗冻性好、良好的电绝缘性、无毒及能吸收放射性物质等一系列优良特性，也可作为良好的保温隔热材料。在室温条件下，通过在硅表面黏附羟基，形成硅烷醇来完成其结构的协调性，如图 5-3 所示。在理论上，可能出现 3 种情况，即三个羟基结合，或是一个硅原子与二个羟基结合，或是一个硅原子与一个羟基结合，然后形成硅烷二醇或是硅烷三醇，但实际情况显示是硅烷三醇不可能存在于硅的表面。

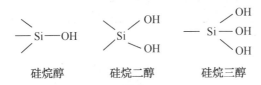

硅烷醇　　　　硅烷二醇　　　　硅烷三醇

图 5-3　珍珠岩颗粒表面的硅醇结构图

所用的载体为从属天然矿物类膨胀珍珠岩，因其耐高温、结构稳定、价格便宜、易于附着等优良特性而被本次研究所用。膨胀珍珠岩是轻质多孔材料，具有蜂窝状内部结构，能够漂浮于水面 并且对有机物具有极强的吸附性。

三、实验设备及材料

（1）印染废水：以亚甲基蓝模拟印染废水。
印染废水中包含有大量染料，由于染料的合成工艺简单，目前合成染料的种类已过万种，并广泛用于多种领域。而亚甲基蓝则作为印染废水中主要的污染物之一，对自然界和生物体有着不可否认的影响。本文所研究的亚甲基蓝是芳香杂环物，属阳离子型染料和碱性染料，易使麻、蚕丝织物、棉布着色所以广泛用于纺织印染厂，亦可使纸、竹和木着色，用途十分广泛。

（2）实验材料：浓盐酸、亚甲基蓝、氯化钾、珍珠岩等。

（3）实验设备：紫外分光光度计、电子天平、数显水浴恒温振荡器、循环水式多用真空泵、数显鼓风干燥箱。

四、实验步骤

（1）珍珠岩的预处理

将用于实验的珍珠岩经 60 目筛选后，然后用蒸馏水冲洗浮尘，烘干后待用。

（2）KCl 改性珍珠岩的制备

称取 2g 经预处理的珍珠岩分别加入到 0.2mol/L、0.4mol/L、0.5mol/L、0.6mol/L、0.8mol/L、1.0mol/L 浓度的 KCl 溶液 50mL，室温下搅拌 2h，经抽滤后在数显鼓风干燥箱中 115℃下烘干 2h，得到经不同浓度 KCl 改性的珍珠岩（KCl-EP）保存备用。

（3）亚甲基蓝标线的绘制

用配制好的 1g/L 的亚甲基蓝标准储备液，经稀释分别配制成 2mg/L、4mg/L、6mg/L、8mg/L、10mg/L 的亚甲基蓝溶液，并用紫外分光光度在 664nm 波长下（该波长是亚甲基蓝溶液的特征吸收波长）分别测定其对应的吸光度，可以得到浓度-吸光度的标准曲线。

（4）不同浓度 KCl 改性珍珠岩对印染废水处理效果的影响

分别取 0.8g 经不同浓度 KCl（0.5mol/L、1.5mol/L、2mol/L、2.5mol/L、3.5mol/L、4.5mol/L）改性的珍珠岩，加入到 50mL 浓度为 25mg/L 的亚甲基蓝溶液中（用亚甲基蓝溶液模拟印染废水）。常温条件下，水浴振荡 80min 进行吸附、过滤，取滤液测定其吸光度值，填入表 5-5，并算出其去除率。

表 5-5　不同改性浓度下的印染废水吸光度和浓度

浓度/（mol/L）	0.5	1.0	1.5	2.0	2.5	3.5
吸光度						
浓度						

五、数据整理

（1）绘制亚甲基蓝随 KCl 浓度变化的关系图。

（2）计算不同 KCl 浓度对亚甲基蓝的去除率。

实验五　好氧活性污泥处理含锌废水的实验

近年来锌离子污染事件的逐年增加，严重威胁了动植物的生存环境。经现有研究显示，当水体中锌离子浓度>0.5mg/L 时，各种鱼类以及农作物将处于危险之中。如果大量的锌和锌盐流入环境之中，对人类和其他生物是十分巨大的威胁。全球每年约有 393 万吨的锌通过河水径流流入海中，对海水造成了十分严重的影响。排放的工业废水中含有因采矿选矿、机械制造、镀锌仪器仪表等制造过程产生大量的锌，所以工业废水含锌浓度很高，这些锌离子会在水中的鱼类植物和水生动植物体内富集，锌的潜在毒性对人体不会形成较大的伤害，但是如果摄入过量，就会造成身体的不适。人类对重金属的大量开采，使得产生的重金属溶液增多，污染也越来越严重，还有冶炼、加工等工艺中的含锌废水，所以治理含锌废水十分紧迫。

一、实验目的

（1）了解锌等其他重金属离子的危害及处理办法。
（2）掌握好氧活性污泥的培养方法，了解好氧活性污泥处理污染物的原理。
（3）掌握各种水中污染物的测定办法，如氨氮、COD、MLSS、MLVSS 等。

二、实验原理

SBR 工艺由进水、反应、沉淀、排水四个部分组成：从污水流入到沉淀出水结束作为一个周期，装置间歇运行。运行到静沉阶段结束后，排出上清液和沉淀性能不好的污泥，沉淀性能好的污泥留于池内，与后续进入的污水混合再行处理，就这样运行构成了 SBR 处理工艺的循环。生物对锌离子吸附指利用微生物的化学结构及成分特性来吸收溶于液体的锌离子，再通过把吸收的锌离子的不溶物和液体分离的方法去除锌离子。活性污泥中含有大量的原生动物、细菌、微型后生动物等微生物，这些微生物通过自身的新陈代谢作用可以利用水体中的氨氮、磷、COD 分解污水中的有机物，也起到净化水体的作用。颗粒污泥由于密度较大有更好的沉降性能，可以更好的吸附要分解的物质并同时减弱有毒物质对微生物的毒害作用。

三、实验设备及材料

（1）接种污泥：用取自污水厂的活性污泥作为 SBR 反应器的接种污泥。取的时候污泥呈褐色，有泥腥味，取 1.5L 于烧杯中，加营养液闷曝 1d 后放入 SBR 反应器中进行接种。

（2）实验材料：硫酸镁、浓硫酸、过硫酸钾、抗坏血酸、钼酸铵、酒石酸钾钠、氯化钙、氯化铵、结晶乙酸钠、葡萄糖、磷酸二氢钾、磷酸氢二钾等药品。

（3）实验设备：蠕动泵、高温蒸汽灭菌器、电磁式空气泵、玻璃转子流量计、烘箱、分光光度计。
实验装置如图 5-4 所示。

四、实验步骤

1. 好氧颗粒污泥的培养

将取来的污泥放置于 SBR 反应器中，用水是按照一定比例配置的营养液，保证 C：N：P 的比为 100：

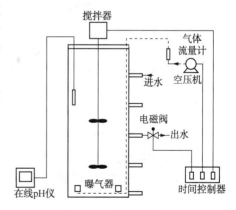

图 5-4　实验装置图

10：2，污泥的颗粒化培养分为两个阶段，污泥的驯化阶段和污泥的生长阶段：污泥驯化阶段总周期为 3h，沉降时间由 10min、5min、2min、1min 的梯度减小曝气时间作相应的调整，出水时间为 4min。颗粒污泥生长阶段周期依然是 3h，沉降时间为 1min。每天观察污泥的形态，直至形成颗粒为止。

2. 好氧颗粒污泥的基本性质测定

（1）污泥浓度

MLSS 的测量：将坩埚在 105℃ 的温度下烘干 2h，至恒重，取出，在干燥器中冷却至常温称重 m_1，接种污泥，倒至坩埚中，随后在 105℃ 下烘干，称取重量为 m_2。经过计算得出 *MLSS*，单位 g/L。

MLVSS 的测量：取上述的坩埚和污泥在马弗炉中在 600℃ 温度下煅烧 2h，然后置于干燥器中冷却并称量，即可算出 *MLVSS*，单位 g/L。

（2）污泥沉降比

污泥沉降比的检测：取 100mL 曝气池中混合的污泥，在水平桌面上静置半个小时，观察沉淀的污泥和总的混合液的体积之比，用 mL/L 表示。

3. 好氧颗粒污泥对锌的处理

（1）配置 100mg/L 的氯化锌溶液，加入到 SBR 反应器中。

（2）锌离子的标准曲线的绘制。

锌离子的测定利用锌试剂和锌离子在 pH = 8.5 ~ 9.5 的碱性溶液中生成蓝色络合物，对 620nm 单色光产生最大吸收。吸取 50.00mL 锌储备液于 1000mL 容量瓶中，定容得到锌标准液（25mg/L），取锌标准液 0.00mL、0.50mL、1.00mL、1.50mL、2.00mL 分别放在 5 只 50mL 容量瓶中，用蒸馏水稀释至约 30mL 时，加 10mL 硼酸盐溶液和 5.0mL 锌试剂溶液，稀释至标线，摇匀，静置 10min 在 620nm 处用分光光度计测吸光度，做出锌离子的标准曲线。

（3）锌离子浓度的测量。

加入锌溶液后，每间隔 12h 从反应器中取一定量的液体，测量锌离子的浓度。并按照所做的标注曲线查出锌离子的浓度值。

五、实验结果及讨论

（1）在好氧污泥培养时期，观察污泥的形态，并将测量的 *MLSS* 及 *MLVSS* 的数值填入表 5-6。

表 5-6　*MLSS* 及 *MLVSS* 数值表

时间/d	5	10	15	15	20	25
MLSS						
MLVSS						

（2）将测量得到的锌离子浓度记录下来，并作出以时间为横坐标，锌离子浓度为纵坐标的关系图，计算锌离子的去除率。

实验六　在线监控污水处理综合实训实验系统

水处理综合实验系统能够实现物化处理、生物处理系统、深度处理功能，各系统既可实现全部单元装置的独立运行，又可实现任意关联单元之间的组合运行，包含上位工控组态系统-现场控制单元-水质传感器测控系统的独立与组合运行。系统能实现手动控制和自动控制。适合处理生活废水、含油废水和重金属废水等多种来源的废水。

水处理综合实验系统共有三级处理工艺，一级物化处理系统：含原污水调节池、格栅除渣、旋流沉砂池、混凝气浮池、混凝沉淀池、中和调节池。二级生物处理系统：含一个 A^2O（厌氧-缺氧-好氧）处理工艺，其中包含一个厌氧池，三个缺氧池，一个好氧池，以及有竖流式二沉池、二级出水调节池；三级深度处理系统：含普通快滤池、活性炭吸附柱。系统的自动化控制系统：含自动控制机柜、手动控制机柜、工业平板电脑、工业控制系统、编程电缆、网络系统、相关软件与附件。

一、实验目的

（1）了解污水处理的工艺组合，将所学知识与实际联系起来。
（2）掌握污水处理中各个工艺的基本原理，实际作用。

二、在线监控污水处理综合实训实验系统工艺组成

1. 格栅除污机

格栅除污机工作原理是由一种独特的耙齿装配成一组回转格栅链。在电机减速器的驱动下，耙齿链进行逆水流方向回转运动。耙齿链运转到设备的上部时，由于槽轮和弯轨的导向，使每组耙齿之间产生相对自清运动，绝大部分固体物质靠重力落下，另一部分则依靠清扫器的反向运动把粘在耙齿上的杂物清扫干净。按水流方向耙齿链类同于格栅，在耙齿链轴上装配的耙齿间隙可以根据使用条件进行选择。当耙齿把流体中的固态悬浮物分离后可以保证水流畅通流过。整个工作过程是连续的，也可以是间歇的。

2. 混凝气浮池

混凝气浮法分为加药反应和气浮两个部分，加药反应通过添加合适的混凝剂和絮凝剂以形成较大的絮体，再通过气浮分离设备后与大量密集的细气泡相互黏附，形成密度小于水的絮体，依靠浮力上浮到水面，从而形成固液分离。整个混凝气浮的工艺流程为将配置好的混凝剂通过定量投加的方式加入到水中，并通过一定方式实现水和药剂的快速均匀混合，然后进入气浮池进行固液分离。

（1）混凝工艺

向污水中投入某种化学药剂（常称之为混凝剂），使在水中难以沉淀的胶体状悬浮颗粒或乳状污染物失去稳定后，由于相互碰撞而聚集或聚合、搭接而形成较大的颗粒或絮状物，从而使污染物更易于自然下沉或上浮而被去除，混凝剂可降低污水的浊度、色度、除去多种高分子物质、有机物等。

（2）气浮工艺

气浮过程中，细微气泡首先与水中的悬浮粒子相黏附，形成整体密度小于水体的"气泡-颗粒"复合体，使悬浮粒子随气泡一起浮升到水面。

① 混凝沉淀池。

混凝沉淀池是废水处理中沉淀池的一种。混凝过程是工业用水和生活污水处理中最基本也是极为重要的处理过程，通过向水中投加一些药剂（通常称为混凝剂及助凝剂），使水中难以沉淀的颗粒能互相聚合而形成胶体，然后与水体中的杂质结合形成更大的絮凝体。絮凝体具有强大吸附力，不仅能吸附悬浮物，还能吸附部分细菌和溶解性物质。絮凝体通过吸附，体积增大而下沉。混凝沉淀工艺在水处理上的应用已经成熟，与其他物理化学方法相比

具有出水水质好、工艺运行稳定可靠、经济实用、操作简便等优点。

A²O(厌氧-缺氧-好氧)处理工艺(图5-5):

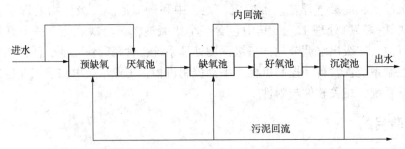

图5-5 A²O处理工艺流程图

② 厌氧池。

厌氧池是营造厌氧的环境(溶解氧约为零),利于厌养微生物生长。其作用是活性污泥吸附、降解有机物。通常回流混合液中的聚磷菌在厌氧条件下释放磷酸根。

厌氧时,有机质既要供产酸菌和聚磷菌进行放磷,又要供反硝化细菌利用硝酸根和亚硝酸根进行脱氮,二者为争夺碳源而产生矛盾。所以放磷和反硝化要分别设置反应池,一般把厌氧放磷单独置于系统的最前端,降低放磷池中的硝酸根含量,反硝化脱氮放在厌氧放磷之后。

③ 缺氧池。

缺氧池是营造缺氧的环境(溶解氧在小于0.5mg/L),利于缺养微生物生长。其作用是活性污泥吸附、降解有机物。通常将回流混合液中的亚硝酸盐氮及硝酸盐氮在反硝化菌的作用下生成氮气释放。

④ 好氧池。

好氧池是营造好氧的环境(溶解氧在2~4mg/L),利于好养微生物生长。其作用是好氧活性污泥吸附、降解有机物。通常将有机物中的碳元素氧化化合物氧化为水和二氧化碳;将氮元素氧化为亚硝酸盐氮及硝酸盐氮;磷元素氧化为磷酸根。同时在好氧的环境下,聚磷菌吸收磷酸根比厌氧条件下多几倍。

⑤ 竖流式沉淀池。

竖流式沉淀池又称立式沉淀池,是池中废水竖向流动的沉淀池。池体平面图形为圆形或方形,水由设在池中心的进水管自上而下进入池内(管中流速应小于30mm/s),管下设伞形挡板使废水在池中均匀分布后沿整个过水断面缓慢上升(对于生活污水一般为0.5~0.7mm/s,沉淀时间采用1~1.5h),悬浮物沉降进入池底锥形沉泥斗中,澄清水从池四周沿周边溢流堰流出。堰前设挡板及浮渣槽以截留浮渣保证出水水质。池的一边靠池壁设排泥管,(直径大于200mm)靠静水压将泥定期排出。竖流式沉淀池的优点是占地面积小,排泥容易。

竖流式沉淀池的工作原理:在竖流式沉淀池中,污水是从上向下以流速v做竖向流动,污水中的悬浮颗粒有以下三种运动状态:①当颗粒沉速$u>v$时,则颗粒将以$u-v$的差值向下沉淀,颗粒得以去除;②当$u=v$时,颗粒处于随机状态,不下沉亦不上升;③当$u<v$时,颗粒将不能沉淀下来,而会被上升水流带走。

⑥ 普通快滤池。

快滤池本身包括集水渠、洗砂排水槽、滤料层、承托层(也称垫层)及配水系统五个部分。快滤池的管廊内主要是浑水进水、清水出水、初滤水、冲洗来水、冲洗排水（或称废水渠）等五种管道以及与其相应的控制闸门。

滤池的工作分为过滤和反洗两个过程。过滤时：经过澄清的水浊度小于 20mg/L，从进水干管，经过集水渠，流入排水槽进入滤池，水经过滤料（砂）层，以 8~14m/h 过滤速度，将水中的残余杂质截留在滤料表面积滤层里面，使水变清成为洁净的过滤水。过滤水经由级配卵石组成的承托层、配水支管，汇集到配水干管。最后，从过滤水管进入过滤水池，此时出水浊度小与 5mg/L 或更低。反洗时：先关闭进水管道上的进水阀，等滤池的水位下降 10cm 左右时，再经过冲洗水管，经过配水系统的干管、支管，水从下而上流过承托层和滤料层，滤料在上升水流的作用下，悬浮起来并逐步膨胀到一定高度，使得滤料中的杂质、淤泥冲洗下来，废水进入排水槽，经集水渠和排水管，排入沟渠，冲洗直至排出水清澈为止。

⑦ 活性炭吸附柱。

吸附是发生在固-液（气）两相界面上的一种复杂的表面现象，它是一种非均相过程。大多数的吸附过程是可逆的，液相或气相内的分子或原子转移到固相表面，使固相表面的物质浓度增高，这种现象就称为吸附；已被吸附的分子或原子离开固相表面，返回到液相或气相中去，这种现象称为解吸或脱附。在吸附过程中，被吸附到固体表面上的物质称为吸附质，吸附吸附质的固体物质称吸附剂。

活性炭吸附就是利用活性炭的固体表面对水中一种或多种物质的吸附作用，以达到净化水质的目的。活性炭吸附的作用产生于两个方面：一方面是由于活性炭内部分子在各个方面都受着同等大小力，而在表面的分子则受到不平衡的力，这就使其他分子吸附于其表面上，此过程为物理吸附；另一方面是由于活性炭与被吸附物质之间的化学作用，此过程为化学吸附。活性炭的吸附是上述两种吸附综合作用的结果。当活性炭在溶液中吸附速度和解吸速度相等时，即单位时间内活性炭吸附的数量等于解吸的数量时，被吸附物质在溶液中的浓度和在活性炭表面的浓度均不再变化，而达到了平衡，此时的动态平衡称为活性炭吸附平衡。

三、思考题

在二级处理中，还有哪些工艺来处理污染物？

实验七　活性污泥耗氧特性测定实验

一、实验目的

（1）加深污泥耗氧特性概念的理解；
（2）掌握测定活性污泥耗氧速率的方法；
（3）掌握活性污泥评价指标的基本测定方法和实际意义。

二、实验原理

污泥耗氧速率（Oxygen utilization rating，简称 OUR）是指单位质量的活性污泥在单位时间内的耗氧量，其单位为 mg/（g·h）或 mgO$_2$/（g MLSS·h）。

根据污泥浓度、反应时间和反应瓶内溶解氧变化率可计算得到污泥的耗氧速率 OUR，如下式所示：

$$OUR = \frac{DO_0 - DO_t}{t \cdot MLSS} \qquad (5-5)$$

式中　DO_0——起始反应瓶内溶解氧量，mg/L；

　　　DO_t——t 小时后反应瓶内溶解氧量，mg/L；

　　　　t——反应时间，h；

　　$MLSS$——反应瓶内污泥浓度，g/L。

三、实验设备及试剂

溶解氧仪 1 台；磁力搅拌器 1 台；空气泵 1 台；1000mL 烧杯 1 个；1000mL 量筒 1 个；活性污泥若干。

四、实验步骤

（1）取曝气池中活性污泥混合液倒入 2000mL 量筒中，充氧至饱和；

（2）将饱和溶氧的污泥混合液倒入内装搅拌样的 1000mL 的烧杯中，保持密封状态并插入溶解氧电极探头；

（3）开动磁力搅拌器，待稳定后记录数据，每分钟记录一次；

（4）测定瓶内污泥混合液悬浮固体浓度（$MLSS$）；

（5）根据公式(5-5)计算 OUR。

注意事项：整个实验过程控制在 10～30min 为宜。

五、实验数据及结果整理

（1）实验数据记录如表 5-7 所示。

表 5-7　污泥耗氧特性测定记录

序　号	$MLSS/(g/L)$	$DO_0/(mg/L)$	t/h	$DO_t/(mg/L)$	$OUR/[mg/(g \cdot h)]$	备　注
1						
2						
3						
4						
5						
6						
7						
8						
9						
10						
11						
12						

（2）将所得 OUR 取平均值即为该污泥的耗氧速率。

（3）实验测定 SV_{30}，SVI 值。

OUR 在污水处理系统中有何实际意义？

实验八 电解实验

一、实验目的

（1）了解电解法的工作原理。
（2）了解电解法试验装置的主要组成和电解槽内部构造。
（3）掌握运行操作方法。
（4）探讨电压、电流、电解时间、电极间距、原水浓度和 pH 值等因素对去除效率和能耗的影响。

二、实验原理

连接电源正极的电极，从溶液中接受电子，输送给外部电源，对溶液内部它被称为阳极。在溶液中阴离子迁移趋向阳极，并在阳极上给出电子，发生的是氧化反应；阳离子迁移趋向于阴极，并从阴极上接受电子，发生的是还原反应。

若用铝或铁等金属作为阳极，具有可溶性，Al、Fe 以离子状态溶入水中，经过水解反应可以生成络合物并发展成为无机高分子电解质。这类生物可以当做混凝剂对各种含有悬浮物、胶体的污水进行处理。

当电极采用不溶性电极时，电解时在阳、阴极表面可以大量生成氢气和氧气，以微小气泡逸出。在气泡脱离电极从水层中上升过程中，可以吸附水中微粒杂质浮至水面，经收集后除去。

废水电解时，由于水的电解及有机物的电解氧化，在阳极、阴极表面上会有气体（如 H_2、O_2 及 CO_2、Cl_2 等），呈微小气泡析出，它们在上升过程中，可黏附水中杂质微粒及油类浮到水面而分离。电解时，不仅有气泡上浮作用，而且还兼具凝聚、共沉、电化学氧化、电化学还原等作用。

废水在直流电场作用下，水被电解，在阳极析出氧，在阴极析出氢气，此外，电解氧化时，有机物可产生 CO_2，氯化物可产生 Cl_2。电解产生的气泡粒径很小，而且密度也小（见表5-8）。

表5-8 产生的气泡粒径与平均密度

类　别	气泡粒径/μm	气泡平均密度/μm
电　解	氢气泡 10~30	0.5
	氧气泡 20~60	

本实验基本原理：

阳极：　　　　　$Fe - 2e^- \Longrightarrow Fe^{2+}$；　　阴极：　　$2H^+ + 2e^- \Longrightarrow H_2 \uparrow$

金属离子 Fe 与溶液中的 $Gr_2O_7^{2-}$ 反应的离子方程式：

　　　　　$Fe^{3+} + 3OH^- \Longrightarrow Fe(OH)_3 \downarrow$　　　　$Cr^{3+} + 3OH^- \Longrightarrow Cr(OH)_3 \downarrow$

三、实验装置、试剂及方法

电解槽外形尺寸：40mm×70mm×110mm（有机玻璃）；可控硅直流电源 1 套（输出电压：0~30V，输出电流 0~5A）；阴阳极电极板 1 套（阳极：不锈钢板，阴极：铝板）；小型仪表控制柜 1 个；电解电压表 1 个；电解电流表 1 个；按钮开关 1 个；无极调节电位器 1 个；滤纸若干；注射器；100mL 量筒；1000mL 容量瓶。

铬标准溶液配制：将 0.2829g±0.001g 重铬酸钾溶于 1000mL 容量瓶中。

显色剂：二苯碳酰二肼（$C_{11}H_{14}N_4O$）0.2g，溶于 50mL 丙酮中，加水稀释至 100mL，摇匀，贮存于棕色瓶中待用。

吸光度测定：取适量标准液，置于 50mL 比色管中，用去离子水稀释至标线，分别加 0.5mL 硫酸和 0.5mL 磷酸，摇匀，再加入 2mL 显色剂，停置 5~10min 后，在 540nm 波长下用 10mm 或 30mm 比色皿，以水做参比，测定其吸光度值。

含铬废水：称取 5.6577g 重铬酸钾配制于 1000mL 容量瓶中，此时 Cr^{6+} 浓度为 2g/L，然后量取 2g/L 的 Cr^{6+} 溶液 50mL，定容至 1000mL 容量瓶，配制得到 0.1g/L 的重铬酸钾溶液。

四、实验步骤

（1）绘制 Cr^{6+} 浓度标准曲线：向一系列 50mL 比色管中分别加入 0、0.2、0.5、1.00、2.00、4.00、6.00、8.00、10.0mL 的铬标准溶液，用去离子水稀释至标线，测定其吸光度，从而绘制 Cr^{6+} 浓度标准曲线。

（2）往电解槽中加入 Cr^{6+} 浓度为 0.1g/L 含铬废水，根据要求，按 0.5g/L 加盐，搅匀后测定原水的 Cr^{6+} 含量（单位为 mg/L）。

（3）按双极板电路接线。

（4）接通电源，调整电压（20V）、电流，开始计时。

（5）每 10min 用注射器吸取 10mL 处理水样，过滤沉淀数分钟后，测定 Cr^{6+} 含量，直到 Cr^{6+}≤0.5mg/L 达到排放标准后，切断电源；每次取样时，记录电流和槽电压值，测定 pH 值，并观察和记录实验反应现象。

（6）每次实验后，倒空电解槽，取出电极，观察阳极板和阴极板的颜色和状态。

五、注意事项

由于污水处理实验不可避免的要与水接触，且潮湿，实验中要严防师生触电事故。为确保安全，实验指导教师在实验前必须认真检查直流控制器应可靠接地。

六、实验数据及结果整理

表 5-9　电解实验记录表

时间/min	Cr^{6+}浓度/（mg/L）	pH 值
0		
10		
20		
30		

时间/min	Cr^{6+}浓度/(mg/L)	pH 值
40		
50		
60		

根据表 5-9 确定不同时间下 Cr^{6+} 浓度和 pH 值,最终确定最佳反应 pH 值下的最佳反应时间。

七、思考题

(1) 对于电解实验,阳极的选择是否对实验效果有影响?

(2) 三价铬不稳定易被氧化成毒性更高的五价铬,实验过程中该注意什么?

第六章　实验仪器操作规程

第一节　JPBJ-608型便携式溶解氧测定仪操作规程

一、校准

（1）零氧校准

将溶解氧电极放入5%的新鲜配制的亚硫酸钠溶液中，在仪器处于测量状态下，按"模式/测量"键，仪器即进入模式选择状态，按"▲/mgL-1/%"键或"▼/贮存"键选择"ZERO"（显示在液晶左下角）；或仪器处于模式选择状态下，直接按"▲/mgL-1/%"键或"▼/贮存"键选择"ZERO"，按"确定/打印"键仪器即进入零氧校准功能状态。

此时，仪器显示当前的溶解氧值，按"▲/mgL-1/%"键依次切换显示溶解氧浓度值、饱和度值和电极电流值，待读数稳定后按"确定/打印"键，仪器显示"0.00mg/L"，约5s后仪器自动退出"ZERO"状态，进入模式选择状态，零氧校准结束。

当仪器处于零氧校准时，仪器显示当前溶解氧值，在按下"确定/打印"键之前，按"模式/测量"键取消这一状态，进入测量状态。

测定仪如图6-1所示。

图6-1　JPBJ-608型
便携式溶解氧测定仪

（2）满度校准

在仪器处于测量状态下，按"模式/测量"键，仪器即进入模式选择状态，按"▲/mgL-1/%"键或"▼/贮存"键选择"FULL"（显示在液晶左下角）；或仪器处于模式选择状态下，直接按"▲/mgL-1/%"键或"▼/贮存"键选择"FULL"，按"确定/打印"键仪器即进入满度校准功能状态。

此时，仪器显示当前的溶解氧值，按"▲/mgL-1/%"键依次切换显示氧浓度值、氧饱和度值和电极电流值，把溶解氧电极从溶液中取出，用水冲洗干净，用滤纸小心吸干薄膜表面的水分，并放入盛有蒸馏水容器(如三角烧瓶、高脚烧杯)靠近水面的空气上或者放入空气中，但电极表面不能沾上水滴，待读数稳定后按"确定/打印"键，仪器显示当前温度下的饱和溶解氧值，约5s后仪器自动退出"FULL"状态，进入模式选择状态，满度校准结束。

当仪器处于满度校准时，仪器显示当前溶解氧值，在按下"确定/打印"键之前，可以按"模式/测量"键取消这一状态，进入测量状态。

（3）盐度校准

溶解氧值与盐度值有关，仪器内部预设的盐度值为0.0 g/L，测量前应选择合适的盐度值。

在仪器处于测量状态下，按"模式/测量"键，仪器即进入模式选择状态，按"▲/mgL-

74

1/%"键或"▼/贮存"键选择"SAL"(显示在液晶左下角);或仪器处于模式选择状态下,直接按"▲/mgL-1/%"键或"▼/贮存"键选择"SAL",按"确定/打印"键仪器即进入盐度校准功能状态。

此时,仪器显示当前设置的盐度值,可以按"▲/mgL-1/%"键或"▼/贮存"修改盐度值,修改为实际盐度值后,按"确定/打印"键,则仪器完成盐度校准设定功能,自动退出"SAL"状态,进入模式选择状态。

当仪器处于盐度校准时,仪器显示当前盐度值,在按下"确定/打印"键之前,可以按"模式/测量"键取消这一状态,进入测量状态。

4. 气压校准

仪器测得的溶解氧值与大气压值有关,仪器内部预设的大气压值为101.3MPa,测量前应选择合适的气压值。

在仪器处于测量状态下,按"模式/测量"键,仪器即进入模式选择状态,按"▲/mgL-1/%"键或"▼/贮存"键选择"AIR"(显示在液晶左下角);或仪器处于模式选择状态下,直接按"▲/mgL-1/%"键或"▼/贮存"键选择"AIR",按"确定/打印"键仪器即进入气压校准功能状态。

此时,仪器显示当前设置的大气压值,可以按"▲/mgL-1/%"键或"▼/贮存"修改气压值,修改为实际气压值后,按"确定/打印"键,则仪器完成气压校准设定功能,自动退出"AIR"状态,进入模式选择状态。

当仪器处于处于气压校准时,仪器显示当前气压值,在按下"确定/打印"键之前,可以按"模式/测量"键取消这一状态,进入测量状态。

二、测量

(1)插上电源,按下"ON/OFF"键,仪器液晶将全显,约2s后仪器自动进入测量工作状态。

(2)将氧电极用蒸馏水清洗后插入被测溶液,仪器开机后即可进行测量。仪器在测量状态下同时计算溶解氧氧浓度、饱和度和电极电流值,按"▲/mgL-1/%"键进行切换显示。

溶解氧浓度测量:在溶解氧浓度测量状态下,仪器显示当前被测溶液的溶解氧浓度值和温度值,浓度单位为"mg/L"。液晶左下角显示"CONC",表示处于氧浓度测量模式。

溶解氧饱和度值测量:在溶解氧饱和度测量状态下,仪器显示当前的溶解氧饱和度值和温度值,饱和度单位为"%"。液晶左下角显示"SATU",表示处于氧饱和度测量模式。

电极电流值测量:在电极电流值测量状态下,仪器显示当前的电极电流值和温度值,单位缺省为"μA"。液晶左下角显示"CURR",表示处于电极电流测量模式。

(3)记录数据。

(4)测量完毕,清洗电极,关闭开关与电源。

三、维护

(1)仪器的插座必须保持清洁、干燥,切忌与酸、碱、盐溶液接触。

(2)溶解氧电极不用时,应将电极储藏于煮沸冷却后的蒸馏水中,切忌将电极浸入亚硫酸钠溶液中,因为上述溶液一旦渗透到电极腔体内,会使电极性能恶化。

(3)仪器长时间不使用时,应将电池取出。

第二节 pH 计的操作规程

一、pH 计使用前准备的工作

（1）使用 pH 计之前先用三蒸水清洗电极，注意玻璃电极不要碰碎。

（2）准备在平台 pH 计的旁边放置调节用的 NaOH 液和 HCl 液。

（3）在冰箱中拿出 pH 标准液（pH=7.0），放与平台上。

（4）打开 pH 计，调定 pH 值，按"︿""﹀"键选择 pH 和 CAL 选项，选择其中的 CAL 项，调节插入到 pH 液（pH=7.0）中，按"<"">"键选择数据值到 7.0 处。

（5）将玻璃电极插入到待测的溶液中，再放入另一电极，适当的搅动液面（注意：不要碰碎玻璃电极）。

（6）pH 计的电子单元使用必须注意电路的保护，在不进行 pH 值测量时，要将 pH 计的输入短路，以避免 pH 计的损坏。

（7）pH 计的玻璃电极插座必须保持干净、清洁和干燥，不能接触盐雾和酸雾等有害气体，同时严禁玻璃电极插座上沾有任何的水溶液，以避免 pH 计高输入阻抗。

（8）未达到所需要的 pH 值时要小心的加如 NaOH 液和 HCl 液（据调节范围不同可以选择不同浓度的调节液，浓度小时可以快加，浓度大时要慢加）。

（9）加液时小心不要超过所需的定容量。pH 计如图 6-2 所示。

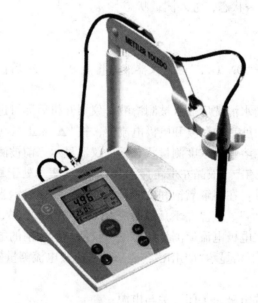

图 6-2　pH 计

二、pH 计使用方法

（1）后盖打开，装入电池一块。

（2）装上复合玻璃电极，注意：

① 复合电极下端是易碎玻璃泡，使用和存放时千万要注意，防止与其他物品相碰。

76

②复合电极内有 KCl 饱和溶液作为传导介质，如干涸结果测定不准必须随时观察有无液体，发现剩余很少量时到化验室灌注。

③复合电极仪器接口决不允许有污染，包括有水珠。

④复合电极连线不能强制性拉动，防止线路接头断裂。

（3）打开电源开关后，再打到 pH 测量挡。

（4）用温度计测量 pH=6.86 标准液的温度，然后将 pH 计温度补偿旋钮调到所测的温度值下。

（5）将复合电极用去离子水冲洗干净，并用滤纸擦干。

（6）将 pH=6.86 标准溶液 2~5mL 倒入已用水洗净并擦干的塑料烧杯中，洗涤烧杯和复合电极后倒掉，再加入 20mL pH=6.86 标准溶液于塑料烧杯中，将复合电极插入于溶液中，用仪器定位旋钮，调至读数 6.86，直到稳定。

应该注意以下两点：

- 必须用 pH=6.86 标准调定位。
- 调完后，决不能再动定位旋钮。

（7）将复合电极用去离子水洗净，用滤纸擦干，用温度计测量 pH=4.00 溶液的温度，并将仪器温度补偿旋钮调到所测的温度值下。

（8）将 pH=4.00 标准溶液 2~5mL 倒入另一个塑料烧杯中，洗涤烧杯和复合电极后倒掉，再加入 20mL pH=4.00 标准溶液，将复合电极插入溶液中，读数稳定后，用斜率旋钮调至 pH=4.00。

应该注意斜率钮调完后，决不能再动。

（9）用温度计测定待测液温度，并将仪器温度补偿调至所测温度。

（10）将复合电极插入待测溶液中，读取 pH 值，即为待测液 pH 值。

应该注意以下两点：

- 测定时温度不能过高，如超过 40℃测定结果不准，需用烧杯取出稍冷。
- 复合电极避免和有机物接触，一旦接触或沾污要用无水乙醇清洗干净。

三、pH 计使用时注意事项

（1）一般情况下，pH 计仪器在连续使用时，每天要标定一次；一般在 24h 内仪器不需再标定。

（2）使用前要拉下 pH 计电极上端的橡皮套使其露出上端小孔。

（3）标定的缓冲溶液一般第一次用 pH=6.86 的溶液，第二次用接近被测溶液 pH 值的缓冲液，如被测溶液为酸性时，缓冲液应选 pH=4.00；如被测溶液为碱性时则选 pH=9.18 的缓冲液。

（4）测量时，电极的引入导线应保持静止，否则会引起测量不稳定。

（5）电极切忌浸泡在蒸馏水中。pH 计所使用的电极如为新电极或长期未使用过的电极，则在使用前必须用蒸馏水进行数小时的浸泡，这样 pH 计电极的不对称电位可以被降低到稳定水平，从而降低电极的内阻。

（6）pH 计在进行 pH 值测量时，要保证电极的球泡完全进入到被测量介质内，这样才能获得更加准确的测量结果。

（7）pH 计使用时，要去除参比电极电解液加液口的橡皮塞，这样参比电解液就能够在重力的作用下，持续向被测量溶液渗透，避免造成读数上的漂移。

（8）保持电极球泡的湿润，如果发现干枯，在使用前应在 3mol/L 氯化钾溶液或微酸性的溶液中浸泡几小时，以降低电极的不对称电位。

（9）电极应与输入阻抗较高的 pH 计（≥1012Ω）配套，以使其保持良好的特性。

（10）配置 pH=6.86 和 pH=9.18 的缓冲液所用的水，应预先煮沸（15~30min），除去溶解的二氧化碳。在冷却过程中应避免与空气接触，以防止二氧化碳的污染。

（11）复合电极的外参比补充液为 3mol/L 氯化钾溶液，补充液可以从电极上端小孔加入，复合电极不使用时，拉上橡皮套，防止补充液干涸。复合电极的外参比补充液为3mol/L氯化钾溶液（附件有小瓶一只，内装氯化钾粉剂若干，只需加入去离子水稀释至 20mL 刻线处并摇匀，此溶液即为 3mol/L 外参比补充液），补充液可以从上端小孔加入。

（12）电极经长期使用后，如发现斜率略有降低，则可把电极下端浸泡在 4%HF（氢氟酸）中（3min5s），用蒸馏水洗净，然后在 0.1mol/L 盐酸溶液中浸泡，使之复新。

第三节　紫外分光光度计的操作规程

目的：建立紫外可见分光光度计操作规程，确保其使用安全、正确。

范围：适用于 752 型紫外可见分光光度计，如图 6-3 所示。

一、操作规程

（1）打开仪器开关，仪器使用前应预热 30min。

（2）转动波长旋钮，观察波长显示窗，调整至需要的测量波长。

（3）根据测量波长，拨动光源切换杆，手动切换光源。200~339nm 使用氘灯，切换杆拨至紫外区；340~1000nm 使用卤钨灯，切换杆拨至可见区。

（4）调 T 零。

在透视比（T）模式，将遮光体放入样品架，合上样品室盖，拉动样品架拉杆使其进入光路。按下"调 0%"键，屏幕上显示"000.0"或"-000.0"时，调 T 零完成。

（5）调 100%T/ OA。先用参比（空白）溶液荡洗比色皿 2~3 次，将参比（空白）溶液倒入比色皿，溶液量约为比色皿高度的 3/4，用擦镜纸将透光面擦拭干净，按一定的方向，将比色皿放入样品架。合上样品室盖，拉动样品架拉杆使其进入光路。按下"调 100%"键，屏幕上显示"BL"延时数秒便出现"100.0"（T 模式）或"000.0"、"-000.0"（A 模式）。调 100%T/OA 完成。

图 6-3　752 型紫外可见分光光度计

（6）测量吸光度。

参照操作步骤（3）、步骤（4）。

在吸光度（A）模式，参照步骤（5）调100%T/0A。

用待测溶液荡洗比色皿2~3次，将待测溶液倒入比色皿，溶液量约为比色皿高度的3/4,用擦镜纸将透光面擦拭干净，按一定的方向，将比色皿放入样品架。合上样品室盖，拉动样品架拉杆使其进入光路，读取测量数据。

（7）测量透视比。

参照操作步骤（3）、步骤（4）。

在透视比（T）模式，参照步骤（5）调100%T/0A。

用待测溶液荡洗比色皿2~3次，将待测溶液倒入比色皿，溶液量约为比色皿高度的3/4,用擦镜纸将透光面擦拭干净，按一定的方向，将比色皿放入样品架。合上样品室盖，拉动样品架拉杆使其进入光路，读取测量数据。

（8）浓度测量。

参照操作步骤（3）、步骤（4）。

在透视比（T）模式，参照步骤（5）调100%T/0A。

用标准浓度溶液荡洗比色皿2~3次，将标准浓度溶液倒入比色皿，溶液量约为比色皿高度的3/4，用擦镜纸将透光面擦拭干净，按一定的方向，将比色皿放入样品架。合上样品室盖，拉动样品架拉杆使其进入光路。

按下"功能键"切换至浓度（C）模式。

按下"▲"或"▼"键，设置标准溶液浓度，并按下"确认"键。

用待测溶液荡洗比色皿2~3次，将待测溶液倒入比色皿，溶液量约为比色皿高度的3/4,用擦镜纸将透光面擦拭干净，按一定的方向，将比色皿放入样品架。合上样品室盖，拉动样品架拉杆使其进入光路，读取测量数据。

（9）斜率测量。

参照操作步骤（3）、步骤（4）。

在透视比（T）模式，参照步骤（5）调100%T/0A。

按下"功能键"切换至斜率（F）模式。

按下"▲"或"▼"键，设置样品斜率。

用待测溶液荡洗比色皿2~3次，将待测溶液倒入比色皿，溶液量约为比色皿高度的3/4,用擦镜纸将透光面擦拭干净，按一定的方向，将比色皿放入样品架。合上样品室盖，拉动样品架拉杆使其进入光路，按下"确认"键，此时仪器自动切换至浓度（C）模式，读取测量数据。

（10）测量完毕。

测量完毕后，清理样品室，将比色皿清洗干净，倒置晾干后收起。

关闭电源，盖好防尘罩，结束实验。

二、注意事项

（1）调100%T/0A后，仪器应稳定5min再进行测量。

（2）光源选择不正确或光源切换杆不到位，将直接影响仪器的稳定性。

（3）比色皿应配对使用，不得混用。置入样品架时，石英比色皿上端的"Q"标记（或箭头）、玻璃比色皿上端的"G"标记方向应一致。

（4）玻璃比色皿适用范围：320~1100nm；石英比色皿适用范围：200~1100nm。

参 考 文 献

[1] 黄廷林著.水工艺设备基础[M].北京：中国建筑工业出版社，2002.

[2] 唐受印，戴友芝，等.水处理工程师手册[M].北京：化学工业出版社，2000.

[3] 伊学农著.污水处理厂技术与工艺管理[M].北京：化学工业出版社，2012.

[4] 蒋克彬著.水处理工程常用设备与工艺[M].北京：中国石化出版社，2011.

[5] C.C.Lee著.环境工程计算手册[M].北京：中国石化出版社，2003.